KB268044

100만 원으로 떠나는 5개월 간의 미국여행

열정이 있다면 가볍게 떠나라!

열정이 있다면 가볍게 떠나라!

초판 1쇄 인쇄 2013년 04월 15일
초판 1쇄 발행 2013년 04월 22일

지은이   조승희
펴낸이   손형국
펴낸곳   (주)북랩
출판등록   2004. 12. 1(제2012-000051호)
주소   서울시 금천구 가산디지털 1로 168,
            우림라이온스밸리 B동 B113, 114호
홈페이지   www.book.co.kr
전화번호   (02)2026-5777
팩스   (02)2026-5747

ISBN 978-89-98666-34-7 13980

이 도서의 국립중앙도서관 출판시도서목록(CIP)은 서지정보유통지원시스템 홈페이지(http://seoji.nl.go.kr)와
국가자료공동목록시스템(http://www.nl.go.kr/kolisnet)에서 이용하실 수 있습니다.
(CIP제어번호 : 2013003583)

100만 원으로 떠나는 5개월 간의 **미국여행**

열정이 있다면 가볍게 떠나라!

조승희 지음

목차

잘 있어 뉴욕, 반가워 보스턴! ·168

About me ·186

NEW YORK
USA
MIAMI
BOSTON
미국여행을 준비하다

UNITED STATES OF AMERICA
Chicago
MI
LAKES
Ottawa
Montreal
Quebec
Toronto
St. Law
St. Louis
IN
OH
NY
VT
ME
NH
PA
MA
Boston
KY
WV
CT
NJ RI
E-S
VA
MD DE
New York
NC
Washington DC
Atlanta
SC
Cape Hatteras
GA
Bermu
Miami

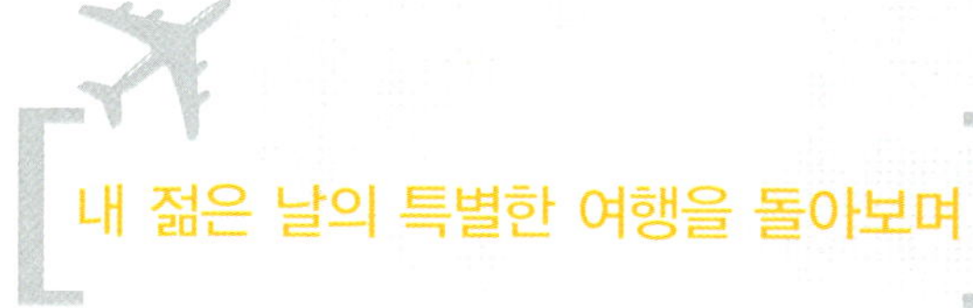

군 전역 후 여행을 마친지 벌써 3년이나 지났다. 여행을 조금 더 자유롭게 즐길 수 있었던 대학생활이 끝나고, 나도 남들처럼 정착이라는 것을 해보려 졸업 후 직장도 가지게 되었다. 직장 사람들도 좋고 일도 재밌다. 나름 이름있는 외국계 회사에 분위기도 자유롭다. 적지만 월급도 꼬박꼬박 나오고 복지도 나름 괜찮다. 무작정 미국여행 한번 해보겠다고 발버둥치던 게 엊그제 같은데 벌써 사회생활을 시작하는 어른의 문턱에 와 있구나. 천 번을 흔들려야 어른이 된다던데, 아직 한참 멀었기에 어른 흉내를 내는 지금이 낯설다. 사무실에서의 야근, 거래처와의 만남, 술자리, 제안서 작성, 프레젠테이션. 이제 나도 어른이 되는 건가?

여행을 마친지 한참이나 지났지만 이제야 책을 내기로 한 이유는, 내가 가진 경험을 혼자서만 간직하기엔 너무나 아까워서이다. 더 정확히 이야기하자면, 열정과 젊음을 나누고 싶어서. 나 같은 촌놈도 할 수 있으니 누구나 다 할 수 있다는 것을 보여주고 싶어서이다. 돈이 없어서, 시간이 없어서, 일자리를 떠날 수 없어서, 학업이 더 중요해서, 언어가 서툴러서 등등 많은 이유 때문에 여행할 수 없는 사람들에게 나의 이야기를 들려주고 싶다. 갓 군대를 전역하고 100만 원이면 6개월 여행 충분히 할 수 있겠다는 생각만으로 시작한 미국여행. 그 안에서 만난 좋은 인연들과 잊지 못할 소중한 경험들. 젊었고 용기가 충만했기에 가능했고 여전히 마음은 젊기에 또 가능할 이야기를 들려주고 싶다.

내가 생각하는 여행이란

　사람을 만나 대화를 해보고, 함께 생활해보지 않았으면 그 사람을 잘 안다고 할 수 있을까? 정말 그 사람이 알고 싶다면 겪어봐야 한다. 그것이 함께 밥을 먹는 것이든, 영화를 보는 것이든, 운동을 하는 것이든, 무언가를 함께 경험하며 공유할 때 비로소 상대방에 대해 조금씩 알아가는 것이다.

　여행도 마찬가지, 직접 경험하며 부딪치며 체험해보지 않았다면 그 나라의 겉모습밖에는 알지 못하는 것이다. 그런 겉모습은 인터넷에서도 쉽게 찾을 수 있고, 여행 관련 책자에서도 쉽게 찾아볼 수 있다. 여행을 떠나기 전, 여기저기서 조언이 많이 들려온다.

"총을 가지고 다닌대."
"마약 조심해라. 마약 파는 애들 진짜 많다."
"인종차별 견디기 힘들걸?"

"아프면 돈 진짜 많이 들어."

이런 이야기를 들으면 사실, 무슨 일이든 마찬가지겠지만, 두려움이 앞서곤 한다. 이런 이야기를 해준 사람은 실로 여럿이다. 하지만 재밌는 사실은, 그들 중 한 사람도 미국에 다녀온 적이 없다는 것이다. 어디서 보고 들은 이야기를 마치 자신이 겪은 것처럼 떠들곤 한다. 말로는 하지 못할 게 뭐가 있을까? 직접 가서 경험하고 그곳에 녹아 들고자 한다. 여행을 하려 한다.

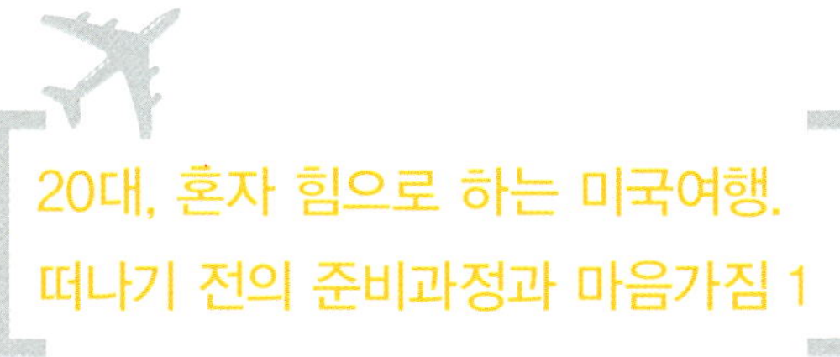

20대, 혼자 힘으로 하는 미국여행. 떠나기 전의 준비과정과 마음가짐 1

여행 전엔 잔뜩 기대에 부풀어 용기가 가득했다. 하지만 실제 여행을 하기로 한 날이 하루하루 가까워질수록 처음에 충만했던 용기는 어디론가 사라지고 무언가를 시작하기 전 항상 마주치는 두려움과 마주쳤다. 사실 여행의 목표는 미국인들과 함께 생활하면서 서로의 문화를 함께 공유하는 것이었는데 어느새 한국인 커뮤니티에서 룸메이트 광고만 클

릭하고 있는 나를 발견하고는

'내가 지금 뭘 하고 있는 거지?'

 **2008년. 병장 조승희**

06:00am

"기상하십쇼!"

따닥따닥, 내무반에 형광등이 켜지고 이등병들은 고참보다 빨리 일어나 청소를 하기 위해 기지개도 제대로 켜지 못한 채 허겁지겁 침구류를 정리한다. 조금 더 시간이 흐르면 상병들도 슬슬 아침을 맞이하고 그보다 조금 더 시간이 흐르면 병장들도 달콤한 잠에서 깨어나 하루를 준비한다. 대충 전투복을 입고 침상에 누워 다시 잠이 들만 하면, "집합하시랍니다~" 라는 후임들의 우렁찬 메아리가 들리고, 그러면 밖으로 나가 아침점호를 시작한다. 하낫둘~, 셋~넷!, 다써 여써 일고~ 여덜,!! 힘찬 도수체조와 아침 구보를 마치면 취사병들이 정성스럽게 준비한 맛있는(?) 밥을 먹으러 간다.

내가 가장 좋아하던 시간은 토요일 아침점호를 마친 후. 아침식사 후 내무반에 들어와 TV를 틀면 세계의 유명한 관광지를 소개하는 프로그램 "걸어서 세계 속으로"가 나오곤 했다. TV 화면으로 보이는 독일, 그리스, 그밖에 스위스, 몽골, 러시아 등 세계 여러 나라를 보고 있으면 마치 내가 그곳에 가있는 듯한 착각이 들면서 대리만족을 느끼곤 했었다.

그날은 플로리다가 나왔다. 미국 동남부에 위치한 플로리다. 1년 내내 따뜻한 기후와 열대 과일들, 아름다운 바다와 풍경. 사실 전역 후 미국 여행을 계획하고 있던 나는 이 방송을 본 후 플로리다에 꽂혀버렸다. 미국엔 플로리다주 밖에는 없는 것처럼 플로리다에 완전 넋을 잃었다. 그래서 그날 결심했다. 전역 후 플로리다로 가자.

2008년 7월 13일 전역. 한 명의 대한민국 군인이 국가의 신성한 임무를 마치고 사회로 복귀한 영광스러운 날을 즐길 여유도 없이 오로지 미국에 갈 생각으로 다음날, 여권을 신청하러 군청에 찾아갔다. 잠깐, 무작정 찾아가기 전에, 요즘은 시대가 좋다 보니 인터넷 검색창에 "여권 발급기관" 만 입력하면 결과가 수두룩하게 나온다. 여권 신청은 해당 군청이나 시청에서 할 수 있다. 여권발급 비용은 단수: 15,000원 / 복수(유효기간 5년): 47,000원 / 복수(유효기간 10년): 55,000원이다.(2008년 기준)

집이 철원군이다 보니 군청에서 유효기간 10년짜리로 신청했다. 창구에 가니 아름다운 여직원이 여권신청서를 작성하는 것부터 자세히 알려줘서 문제없이 신청했다. 5일 안에 여권을 받을 수 있다고 하니 여권준비는 완료. 일주일 정도의 여유가 있는 사람이라면 굳이 여권 대행업체를 이용하지 않아도 된다.

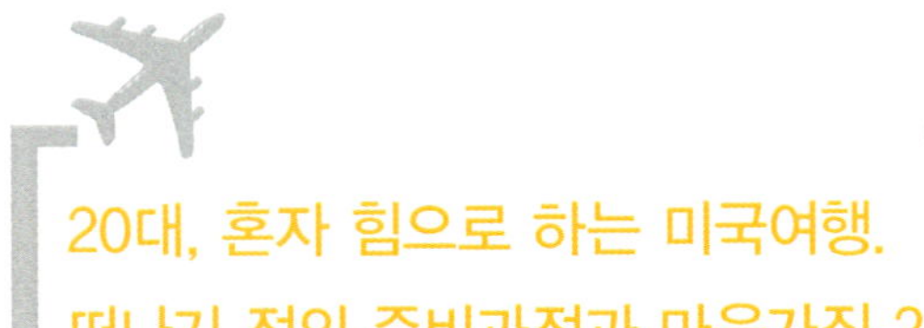

미국여행 경비마련! 시급 4천 원, 5천 원 하는 아르바이트로 단기간에 돈을 모으기는 어려울 것 같아서 영어과외로 돈을 벌기로 했다. 전에 영어과외를 해본 경험은 없지만 그래도 한번 해보겠다고 일단 전단지를 만들었다. 이제 복사를 해야 하는데 그 비용이 만만치가 않다. 100장에 만 원이다. 군청에서 근무하고 있는 중학교 때부터 알고 지낸 죽마고우를 찾아갔다. 가수 싸이의 첫 데뷔 날부터 그의 별명은 싸이.

“싸이, 부탁이 있어.”

“뭔데?”

“이거 복사 좀 해주라. 맛있는 거 사줄게.”

“그래? 뭐 네가 하는 일이니까 해주지 뭐. 몇 장이나 해줘?

“500장.”

“뭐?”

“아, 부탁 좀 할게.”

싸이는 군청 정직원도 아닐뿐더러 짬밥도 안 되는데 나 때문에 몰래 공공기물을 횡령해야만 했다.

　A4용지 500장 무료로 인쇄. 그렇게 5만 원이 굳었고, 나중에 과외해서 받은 돈으로 김밥도 사주고 라면도 사줬다.

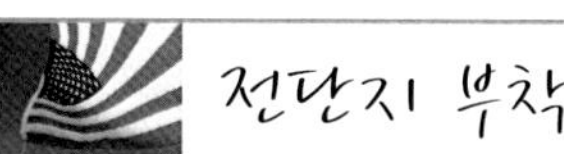 전단지 부착

　7월, 여름. 자전거를 타고, 왼쪽 손목엔 청테이프를 걸고, 옆구리엔 전단지가 가득 든 가방을 끼고, 주머니엔 칼 한 자루를 넣고 작업을 시작했다. 눈에 보이는 전봇대, 담벼락, 아파트 전부 전단지를 붙이면서 들쑤시고 다녔다. 논길을 타고 가면서 전단지를 붙이는데 하늘이 심상치가 않다. 잠시 후 번개가 치더니 천둥소리가 들리고 소나기가 내린다. 일단 철수. 고모가 운영하는 빨래방에서 비가 멈추기를 기다리다가 잠이 들고 깨어났을 땐 다행히 비가 멈춰주었다. 전단지를 붙였던 곳을 순회했다.

　다리에 힘이 풀리고 주저앉을 뻔했다. 전단지는 바람에 뜯기고, 찢어지고, 너덜너덜해지고, 땅바닥으로 떨어지고, 사라지고……. 전봇대도 젖고. 내 마음도 젖고. 안 되면 대기하라!! 작업은 내일로 미루기로 했다. 다음날, 새로운 마음으로 전단지를 전부 돌렸다. 최대한의 속도로. 아직 군인 정신이 남아 있었기 때문에 최대한의 속도로 작업을 마쳤다. 그날 밤 친구와 삼부연 폭포를 거닐며 산책을 하던 도중 전화가 걸려왔다. 첫 학생이다!

6명이다. 방학기간이라 다행히 학생들이 많이 모였다. 고등학생 2명, 중학생 3명, 초등학생 1명.

처음 해보는 과외였기 때문에 나름 열심히 준비도 하고 열성을 다해 가르쳤다. 과외를 해보니 정말 선생님들이 대단하다는 생각밖에 들지 않는다. 성격도 다르고 개성도 다른 학생들을 가르치는 일이 얼마나 힘든지, 똑같은 내용을 수십 번 가르쳐도 알지 못하는 학생, 공부가 하기 싫어 이 핑계 저 핑계 대며 빠지려는 학생, 계속 10분만 쉬자는 학생. 반면에 한번 설명을 하면 그대로 흡수하는 학생도 있고, 숙제도 꼬박꼬박 잘해오는 학생도 있다. 나를 포기하고 싶게 만드는 학생도 있었는데 지금 생각하면 나의 인성에 도움이 조금 되었던 것 같다. 이 책으로나마 선생님들께 고개 숙여 사죄를 드린다. 사실 난 엄청나게 말 안 듣는, 가끔은 대들기도 하던 그런 학생이었다.

8월, 학생들 개학 시즌이 다가왔고 이젠 학생들이 학교에 가있는 시간엔 다른 일을 해야 한다. 투잡으로 결정한 것은 노가다.

새벽 5시 30분. 인력 사무소에 가면 그날그날 일거리를 찾는 아저씨들이 모인다. 흔히 말하는 노가다. 인력 사무소에서 커피 한 잔 타서 마시고 있으면 사무소 관리 아줌마가 인력꾼들을 배치한다. 몇 명은 인삼밭, 몇 명은 곡식 처리장, 몇 명은 하수 처리장, 몇 명은 집수리. 내가 처음 일을 한 곳은 하수 처리장이다. 그 다음날은 곡식 처리장, 그 이후엔 인삼밭에서 며칠. 하루에 8만 원 받아서 10%를 인력 사무소에 주고 나면 7만 2천 원. 이거 괜찮다. 아침 6시까지 출근해서 오후 5시면 일을 마치고, 점심도 주고, 중간중간 쉬는 시간도 많고. 하지만 비가 오면 일을 못한다는 게 아쉽긴 하다.

나중에는 고모부가 경치 좋은 곳에 집을 짓게 되어서 그곳에서 하루 8만 원씩 받고 일을 했다. 수수료 10%는 낼 필요가 없어졌다. 낮에는 노가다 저녁엔 과외. 투잡이다. 부대에서 모아놓은 돈 조금과 이렇게 모은 돈으로 여권, 비자신청, 그리고 157만 원짜리 비행기 왕복 항공권까지. 고모, 고모부, 이모, 이모부 속옷도 사드렸고, 아버지, 어머니 티셔츠도 한 장씩 사 드리니 이 정도면 지금까지는 계획대로 되어가고 있다.

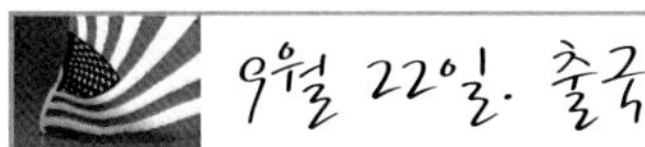

06:00

인천 국제공항 도착.

아직 새벽 시간인데도 사람들이 많다. 다들 어디로 가는 걸까? 공항 티켓팅을 하며 줄을 서 있는데 그동안 있었던 많은 기억이 스쳐 지나간다. 전역 후 많은 일이 있었다. 시간이 화살처럼 날아간다는 표현이 맞을지도 모르겠다. 과외 전단지 제작에서 부착까지, 사람들 모아서 과외도 하고, 친구들과 등산도 가고, 한 학생이 날 포기하게 할 뻔하게 하기도 하고, 막노동도 하고. 2달이라는 시간이 벌써 이렇게 흘러 비행기에 앉아 있는 지금, 낯선 곳으로 여행을 떠나는 나의 모습은 긴장이 묻어나는 웃음만. 진담이든 농담이든 거의 모든 친구들이 말한다.

"총 맞는 거 아니야?"
"조심해라ㅋㅋㅋ"
정작 할 수 있다고 용기를 준 사람은 얼마 되지 않는다.
좋아하는 명언이 있다.

'오랫동안 꿈을 그리는 사람은 마침내 그 꿈을 닮아간다.' - André Malraux -
'할 수 있다고 생각하면 할 수 있다. 할 수 없다고 생각하면 할 수 없다. 어느 쪽이든 그것은 맞는 생각이다.' - Mary Kay Ash -

노력해야 한다는 전제하에 마음에 오랫동안 꿈을 그리면 그 꿈을 닮아간다는 말, 나는 200% 믿는다. 어떤 일들이 기다리고 있을까? 가보면 알게 되겠지 뭐. 짐을 많이 들고 다니는 걸 싫어해서 내가 가진 전부는 가방 하나, 옷 두벌, 카메라, 여행 내내 한 번도 쓴 적이 없는 PDA, MP3 플레이어. 백팩 하나만 달랑 들고 5개월이 넘는 미국여행을 떠났다. 선글라스를 쓰고, 모자를 눌러쓰고, MP3 플레이어를 귀에 꽂고, 배낭 하나 둘러메고. 그렇게 24살의 첫 해외여행은 시작되었다.

긴 비행, 그리고 도착. 즐거운 시작

비행

입국심사대

　도쿄 나리타 공항을 경유해, 휴스턴으로 가는 비행기. 정말 긴 비행이었다. 허리가 끊어진다는 표현은 이럴 때 하는 거구나 싶었다. 밤에 태평양 위를 날아가면서 일출을 보았다. 검은 것 외에는 아무것도 보이지 않았던 하늘은 서서히 붉어지다가 이내 맑은 하늘색으로 바뀌었다.

　드디어 도착한 휴스턴 공항 입국심사대 앞. 내가 조금 험상궂게 생기긴 했지만 착하게 생기기도 했는데 정말 이것저것 꼬치꼬치 많이도 물어본다.

"왜 왔니? 얼마나 있을 거니? 어디 갈 거니? 집엔 언제 돌아갈 거야? 돈은 얼마나 있어? 돈은 누가 주는데?"

그럼 나는, "여행, 5개월 정도, 플로리다, 내년 2월, 100만 원, 우리 아빠." 라고 말을 한다.

사실 미국에서 아르바이트하며 경비를 마련할 거지만, 그렇게 말하면 퇴짜 맞을 게 뻔하기 때문에 거짓말을 해야 했다. 이제 마지막 비행이 남았다. 휴스턴에서 올랜도로 가는 비행. 너무 피곤한 탓에 휴스턴에서 올랜도까지 쥐 죽은 듯 잠이 들었다. 깨어보니 이미 플로리다에 도착해 있다. 20여 시간에 걸친 비행 끝에 도착한 플로리다 올랜도. 밤바람이 습하면서도 따뜻하다. 주위를 둘러보니 칠흑 같은 어둠에 듬성듬성 있는 야자수들과 가로수들, 여유롭게 달리는 차들이 보인다. 처음 보는 낯선 풍경에 잠시 당황했다. 그래도 그 자체가 즐겁기만 한 젊은 여행객이다.

들리지 않는 영어, 그래도 택시를 타고

공항에 대기 중인 안내원에게 호스텔로 가는 방법을 물어본 후 공항 택시를 탄다. 택시비는 19$다. 지금 생각하면 적당한 가격인데 그땐 왜 그리 비싸 보였는지. "Nineteen dollars"를 "Ninety dollars"로 잘못 듣고 등골이 오싹했다.

'아니 내가 가지고 온 돈이 877불인데 택시비가 90불이라고? 걸어갈까?'

시간은 저녁 7:50분. 어찌어찌해서 택시를 타고 미리 알아봐 둔 유스 호스텔로 간다. 택시 안에서 승객들이 이야기를 나누는데 내 귀엔 들리는 게 거의 없다. 황당 그 자체다. 나름 한국에서는 영어를 잘하는 축에 속했는데, 리스닝도 웬만큼 했는데, 이거 뭐지??!! 이게 다 죽은 영어를 배웠기 때문이다. 읽고, 쓰고, 문법, 단어암기, 리스닝 또한 또박또박 들려주는 테이프를 듣고, 그래서 그런가 보다. 언어를 배우는 것이 아닌 알파벳으로 쓰인 암호를 해독하는 교육. 여행 초기엔 몰랐지만 단 며칠 만에 미국엔 다양한 인종들이 살고 있다는 말을 실감하게 되었다. 그들의 억양(발음)도 서로 다른 문화만큼이나 다르다. 미국식 발음, 미국 흑인 발음, 영국식 발음, 남미식 발음, 중국식 발음, 일본식 발음, 인도식 발음,

한국식 발음 등. 드라마 'Lost'만 봐도 알 것이다. 캐릭터마다 발음이 제 각각이다. 앞으로 어떤 일들이 기다리고 있을까? 플로리다 올랜도의 한 호스텔에 도착. 택시비 19불을 주었다. 지금 생각하니 택시기사에게 참 미안하다. 팁을 1불도 주지 않았기 때문이다. 보통 택시비는 20% 정도 의 팁을 주는 것이 이곳 문화인데 아무것도 모르는 상태로 왔으니, 택시 기사는 아마 이런 생각을 하지 않았을까?

나:　　　"How much is the total?" (얼마예요?)

기사:　　"19 dollars." (19불입니다.)

나:　　　"Here you are." (여기 19불이오.)

기사:　　"What the hell?" (이런 쓰…….)

밤의 플로리다

밤 9시가 되어 유스호스텔에 도착했다. 기나긴 비행으로 인한 피로 누적으로 주위 경치를 둘러볼 여유도 없이 간단히 짐을 풀고 눕는다. 방 하나에 침대 4개. 서서히 잠이 들려고 하는데 룸메이트 J가 들어온다. 올랜도에서 처음 만난 룸메이트 J. 타이완에서 온 J는 친구와 함께 플로리다를 여행 중이다. 피곤함에 지쳐 침대에 누워있는데 J가 밖에 나가 간단한 군것질이나 하자고 한다. 당연히 콜.

그의 친구 Boa를 만났다. Boa는 중국인, 미모의 여성이고, 영어가 아주 유창하다. 그들은 다음날 마이애미로 떠난다고 했다. 올랜도에서 택시를 타고 대충 거리를 둘러보았는데 야자수와 몇몇 상점들을 제외하고는 아무것도 보이지 않는다. 이런 곳에서 일자리 구하기는 하늘의 별 따기처럼 보였다.

한국에서처럼 상점과 상점이 다닥다닥 붙어있는 게 아니라 듬성듬성 차를 타고 가야 할 만큼 떨어져 있었기 때문이다. 플로리다 주에서는 마이애미가 가장 큰 도시라는 걸 알고 있었기에, '이 친구들을 따라가면 되겠구나!' 동행을 부탁했다. 고맙게도 흔쾌히 허락해준 친구들. 다음날 함께 마이애미로 떠나기로 약속을 하고 일찍 잠자리에 들었다.

하나부터 열까지 다 낯설지만 뭔가 벌써 적응이 돼가는 느낌이다. 마이애미에 가면 일자리도 알아보고 살 곳도 알아봐야지. 혼자서 하는 미국여행. 무작정 젊음만 믿고 왔는데 지금 나의 모습은 너무 어리버리하다.

'난 할 수 있다! 정말로 할 수 있다!!'라고 자기 최면을 걸며 잠이 든다.

마이애미비치 도착, 그레이하운드 버스를 타고서

아침이다. 늦잠을 자 아무것도 먹지 못하고 어제 올랜도 유스호스텔에서 만난 Boa와 J를 따라 길을 나선다. 여기는 올랜도. 그레이하운드 버스(www.greyhound.com)를 타고 마이애미로 가는 길. 이 버스는 그레이하운드가 점프하고 있는 모양의 로고로 잘 알려져 있다. 다행히도 Boa가 길을 잘 알고 있었다. 사실 길을 잘 알고 있었다기보단 사전에 지도

마이애미 도로에서

를 잘 챙겨왔다. 구글맵으로 검색해서 자신이 가고자 하는 경로를 프린트하여 책으로 만들었다. 저런 것 좀 보고 배워야 하는데, 난 너무 즉흥적이다. 내가 만난 Boa보다는 우리나라 가수 Boa가 훨씬 좋지만, 꿩 대신 닭이라고 어쨌든 Boa를 만났으니 기분은 좋다.

가는 길에 배가 고파 미니마켓에 들러 빵과 물을 샀다. 정말 이렇게 맛없는 빵은 태어나서 처음 본다. 쓰면서 달콤한 이상한 맛의 조합. 내 입맛에 영 맞질 않는다. 남미인처럼 보이는 점원이 뭐라뭐라 하는데 난 못 알아듣겠다. 어쩌지? 한국에서 듣던 영어 테이프와 비교했을 때, 개개인의 발음 차이가 너무 심해서 어떤 사람이 하는 말은 알아듣겠는데 어떤 사람이 하는 말은 전혀 모르겠다.

영어를 정말 열심히 공부했는데 나 이거 참, 환장하겠다. 맛없는 빵 덕분에 뱃속이 더부룩하다. 마이애미에 가서 신선한 열대과일 좀 먹어야겠다. 올랜도에서부터 5시간을 차로 달려서 도착한 마이애미. 시원시원하게 생긴 야자수와 파란 하늘이 차창 밖으로 끝없이 펼쳐진다. 우리 일행은 마을버스로 갈아타고 다운타운에서 마이애미 비치로 들어간다. 창 밖으로 펼쳐진 바다, 그 위로 다니는 보트들, 빼곡히 서 있는 야자수들, 그리고 바다 위의 집들. 모든 이국적인 풍경이 나를 반긴다. 여긴 마이애미 비치다.

MIAMI BEACH
COMMUNITY
CHURCH

NEW YORK
USA
MIAMI
BOSTON
미국정착 세팅하기

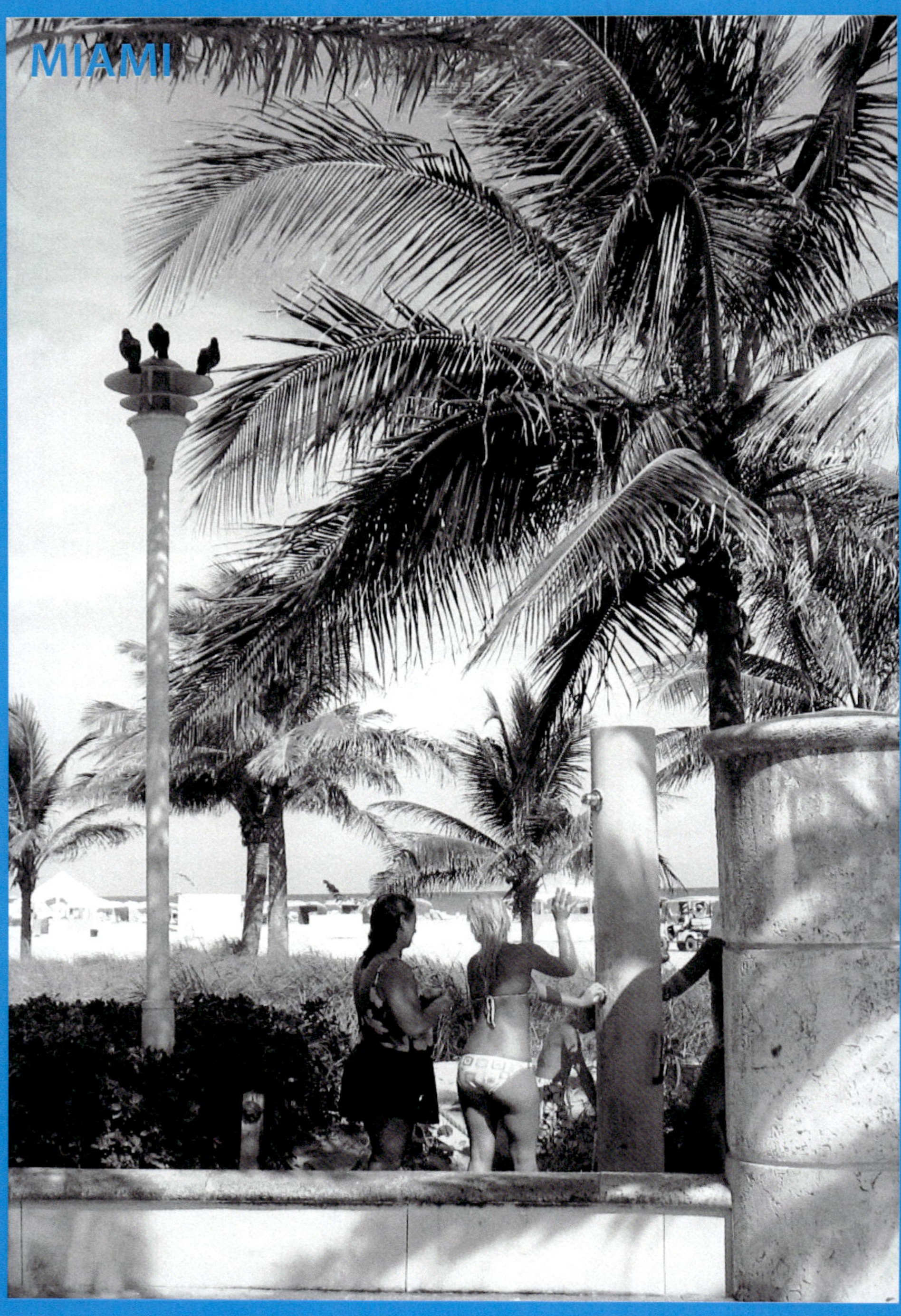

MIAMI

마이애미, 본격적인 여행의 시작

　장시간의 비행과 올랜도에서의 하룻밤. 그리고 버스로 5시간의 이동 끝에 드디어 도착한 플로리다의 마이애미. 마이애미비치 9th street Washington ave에 위치한 유스호스텔에 도착했다. 호스텔은 허름해 보이는 외관 만큼 내부도 낡았다. 하지만 나 같은 여행객들로 가득 채워진 호스텔은 밤낮 생기가 넘쳤다.

　일단 짐을 풀자마자 일자리를 구할 만한 곳이 있나 두리번두리번 거리를 활보했다. 상점들도 다닥다닥 붙어있고, 이곳에선 일단 간단한 아르바이트는 구할 수 있을 것 같았다. 장거리 여행으로 너무 피곤해진 나는 일단 숙소로 들어와 잠을 청했다. 긴 낮잠을.

　저녁 즈음 저절로 잠이 깼고, 배가 고파 호스텔 식당으로 내려갔다. 정말 너무나 다행이다. 저녁밥으로 미트볼과 '밥'이 나왔다.

　밥. 겨우 하루 안 먹었는데 밥이 너무 그리웠다. 사랑한다. 밥. 저녁식사 후 다음날 해야 할 일을 계획한다.

1. 일자리 알아보기
- 젊음만 믿고 100만 원 들고 온 미국.
- 일자리를 구하지 못하면 모든 것이 물거품 된다.

2. Bank Of America(BOA)에서 은행계좌 만들기.
- 한국에서 들고 온 우리은행 Traveler's card.
- 인출을 한번 할 때마다 3불(3천 원; 환율 1,000원 기준)의 수수료가 붙는다. 그럴 바에야 차라리 미국 계좌를 하나 만들어 사용하는 것이 낫다.

3. 휴대전화 알아보기
- 일자리를 구하기 위한 필수품.
- 친구들이 생기면 연락도 해야 하니깐.

4. 쉐어룸(Share room) 알아보기
- 앞으로 계속 유스호스텔에서 머물 순 없으니깐. 홈스테이나 룸메이트를 알아봐야 한다.

침대에 누웠다. 이런 제길, 바퀴벌레가 있네? 세 마리다. 피곤해서 신경도 안 쓰인다. 이젠 속이 좀 괜찮아졌다. 음식에 적응해 가는 중, 새벽 1시인데 잠이 오질 않는다. 전역한지 얼마 되지 않은 사람은 밤 10시만 되면 잠이 오는데 새벽 1시까지도 잠이 오지 않는다는 건, 시차 적응이 덜 되어서일까? 매주 수요일 밤 유스호스텔 지하 클럽에선 'Beer free Party'가 열린다. 무료 맥주 파티라고는 하지만 미국의 팁문화로 인해 작게는 1불, 혹은 그날 기분에 따라 더 많은 금액을 팁으로 지불한다. 이곳에서 참 많은 친구를 만났다. 폴란드, 영국, 잉글랜드, 인도, 러시아,

중국 등. 문화는 다양했지만 그래도 통할 건 다 통한다. 이 호스텔의 안방마님쯤 되는 아주머니는 매우 친절하다. 매일 아침 빵과 커피도 타주고, 항상 몸을 음악에 맞춰 흔들며 일을 한다. 아마도 흥겨운 음악 속에서 젊은이들을 상대로 일하는 탓일까? 아니면 워낙 열정적인 남미인이라 그럴 수도 있겠다. 아주머니의 이름을 물어보았다.

"What's your name?" (이름이 뭐예요?)

"Just call me Mama. Everybody calls me Mama." (엄마라고 불러. 다들 날 엄마라고 부르거든.)

엄마란다.

머물던 호스텔

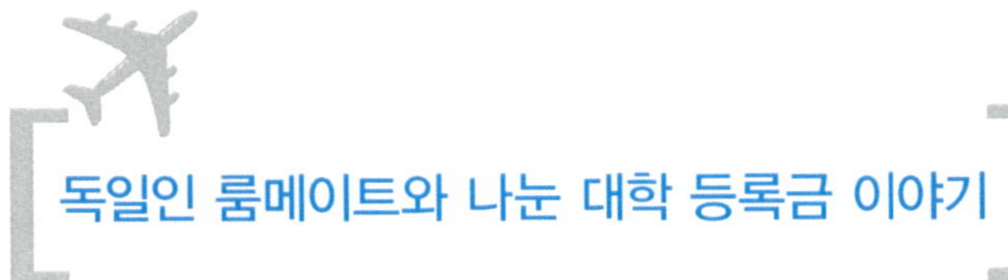

앨런은 나의 새로운 룸메이트다. 독일인이고, 영어와 독일 역사를 전공한다고 한다. 많은 이야기를 나누었다. 자신들의 수업료는 $1,500(150만 원; 환율 1,000원 기준)인데 너무 비싸다고 한다. 그래서 말해주었다. 우리나라는 싼 곳이 $3,000이라고, 비싼 곳은 한 학기에 $10,000도 넘는다고. 앨런은 깜짝 놀란다. 이런 차이는 뭘까? 매년, 학기마다 열리는 대학 등록금인상 이벤트. 매년 매학기 사회적 이슈가 되어도 그때뿐이다. 학생들은 시위하고 대학 관계자들은 잠시 잠적한다. 평균 10%씩 인상되는 수업료를 어떻게 감당을 할 수가 있을까? 뉴스에서는 학생들의 인터뷰를 보여 주곤 한다.

"아르바이트 두 개를 해도 학비를 감당하기가 어려워요."

이러한 사회적 이슈를 잘 반영하여 대통령 후보들은 반값 등록금 공약을 내세워 인기몰이에 나서기도 한다. 얼마 전엔 이를 시행하라는 대학생들의 시위가 대대적으로 일어나기도 하고 대학과 정부도 이를 잠재우기 위해 임시적인 대책을 세우기도 한다. 예를 들면 수업 몇 개를 없앤다든지 하는 방식으로 말이다.

사실 우리나라에선 아르바이트해서 자신의 용돈만 감당해도 대견한 일이지 않은가. 학기마다 학교에 건물이 하나씩 올라간다는 이야기가 있다. 대학 교육의 질도 건물의 높이만큼이나 올라가면 좋으련만. 독일 친구와 대화를 나누고 거리를 걸으며 밤하늘을 올려다본다. 별이 참 많다.

한숨이 나왔다. 여행을 마치고 복학하면 대학 등록금을 어떻게 해야 할까. 이런 고민을 하기엔 내가 있는 장소와 환경이 너무나 완벽하다. 당분간은 여행에 집중하기로 한다. 미국 도착 2일째. 앞으로 만날 사람들과 여행할 장소에 대한 기대에 집중하기로 한다.

미국생활에 필요한 것들. 일자리, 휴대전화, 은행계좌

유스호스텔에서 무료로 제공되는 간단한 빵과 땅콩크림, 커피와 베이글로 아침을 해결하고 아침부터 아르바이트를 구하러 돌아다녔다. 이곳에서 알게 된 러시아 여자가 있다. 그 여자는 이미 며칠 전에 호스텔 체크아웃을 했음에도 아침마다 와서 빵을 먹고 간다. 그 심정. 이해한다. 거리를 지나다니다 보니 많진 않았지만 가게 곳곳에 Now hiring! 혹은

Help wanted! 라는 구인광고가 붙어있다. 일단 구인광고가 보이는 상점
은 무조건 들어간다.

"Hi, I'm looking for a job. do you need a worker?"

책에서 배운 영어를 또박또박 말하면서 최대한 자신 있는 표정을 지으
며 매니저와 이야기를 시도한다. 영어가 서툴다거나 해서 내치는 경우는
없었다. 나중에 치킨가게에서 일하게 되었을 때는 다른 구직자가 오는
경우가 종종 있었는데 미국인들은 일자리를 구할 때 이렇게 얘기했다.

"Are you hiring?"

오늘 면접을 본 곳은 치킨가게와 신발가게. 나는 신발가게가 더 끌렸
지만, 이것저것 가릴 처지가 아니다. 치킨가게도 나쁘진 않지. 치킨가게
에서는 매니저가 내일 다시 와보라는 말을 했고, 신발가게에서는 매니저
가 자신의 연락처를 줬다. 느낌이 괜찮다. 왠지 일할 수 있을 것 같다.

미국 은행계좌 만들기(Bank Of America)

거리에 은행이 보이길래 이번에도 무작정 들어간다. 사전에 뭔가 준비
하는 성격이 아니다. 은행 가는데 뭐 필요한 게 있을까? 그래도 여권은

챙겨서 은행 문을 열고 들어간다. 대기번호표는 따로 없고 자신의 이름을 적는 파일 철이 따로 있다. 그곳에 이름을 적고 호명되길 기다린다. 드디어 내 차례. 은행직원에게 다가가 또박또박 이야기하기 위해 애쓴다.

"Hi, I'd like to open a bank account."

언어만 다르지 다 같은 사람이니 상대하는데 문제 될 것은 없었다. 계좌를 열려고 하니 현재 거주 중인 집 주소가 필요하다고 한다. 집 주소를 유스호스텔로 할 순 없으니, 그래서 일단 쉐어룸을 구할 때까진 보류하기로 했다. 현재 주소를 유스호스텔로 지정할 순 있지만 언제 거처를 옮길지 모르는 상황이었다. 계좌 개설 후 체크카드(Debit Card)가 본인 주소지로 배달되는 데는 일주일가량의 시간이 소요된다. 은행 문을 나서는데 날씨가 너무 덥다. 여긴 아침 8시만 되면 해가 쨍쨍하다. 미국에 온지 3일째. 모든 것이 낯설기만 하다.

 ## 미국에서 휴대전화 마련하기(Metro PCS)

미국에 오래 살 사람이야 At&T와 같은 유명 통신회사에서 휴대전화를 마련하는 것이 좋겠지만 나 같은 단기 여행자에게는 다른 상품이 필요하다. 그냥 길가다가 눈에 보이는 가게로 들어갔다. 이름은 Metro PCS. 가격도 타사보다 저렴하고 문자, 음성도 상대방 회사에 상관없이

무제한이기 때문에 아주 쓸만하다. 두 달 후 뉴욕에서 마련한 선불요금 휴대전화(Prepaid Phone)는 요금이 너무 비쌌다. 27불을 내고 충전하면 약 100분이 주어지는데 전화를 받을 때나 걸 때나 모두 시간이 차감되고, 문자를 보낼 때도 한 건당 1분씩 차감이 된다. Metro PCS는 내가 여행하던 2008년만 하더라도 뉴욕에서는 사용할 수 없었는데 이후 홈페이지에서 확인 해보니 미국내 거의 모든 지역에서 사용할 수 있게 되었다.

한 달에 48불(한화로 약 5만 원)만 내면 문자, 음성이 무제한이다. 더 좋은 건 인적사항은 필요 없다고 한다. 괜찮은 조건이 아닐 수 없다. 기계 값을 포함해서 108불을 주고 하나 장만했다. 기계는 우리나라 S 전자 제품이다.

보고 싶은 가족과 3일 만의 전화 통화

다음날, 아침부터 또 비가 내린다. 나중에야 안 사실인데 플로리다의 서머타임(Summer time)엔 하루에도 한두 번 짧게 짧게 소나기가 내린다고 한다. 그래서 덥지만 불쾌하지 않은, 상쾌한 플로리다의 여름.

이날 나는 착잡함을 느낀다. 오늘은 꼭 일자리를 구해야 하는데, 그래서 착잡하다. 비까지 내리고, 9월 25일. 미국에 온 지 3일째인데 집에 아직 전화를 안 했다. 공중전화는 있는데 하루하루 미루다 보니 벌써 3일이 지났다. 불효자.

근처 가게에 들러 국제 전화카드를 사서 번호를 다 눌렀는데도 자꾸 오류가 난다. 국가번호를 누르고 전화번호를 눌렀는데 수화기에서 여자가 자꾸 영어로 뭐라 뭐라 말한다. 아무래도 뭘 잘못 눌렀다고, 번호를 다시 누르라고 하는 것 같다. 바지는 두 벌. 티셔츠도 두 벌. 그나마 하나는 목이 늘어났다. 착잡하다. 유스호스텔 벤치에 앉아 거리를 바라본다. 계속 가만히 있을 수만은 없어서 옆 사람에게 부탁해본다.

전화카드

미국에서 처음 산 전화카드. 가격은 2불, 5불, 10불짜리가 있고 10불짜리를 사면 1시간 30분을 통화할 수 있다. 거리에 있는 공중전화를 이용할 때 30분 정도 통화하면 카드 잔액이 거의 남지 않는다. Metro PCS에서 구매한 휴대전화로 이 카드를 이용해서 전화하면 1시간 30분 전부 사용할 수 있다. 나처럼 한국에 자주 전화할 일이 없다면 이 카드를 사용하면 아주 좋다.

"Hello. Can you help me? I don't

know how to use this card." (저기, 나 좀 도와줄 수 있어요? 이 카드를 어떻게 사용하는지 모르겠어요.)

친절하게도 그 외국인은 자기 일처럼 도와주었다. 마침내 통화신호가 가고 곧 건너편에서 아빠 목소리가 들린다.

"아빠, 저예요."
"어~ 그래. 잘 있어? 왜 이제 연락을 하니, 너한테 연락이 안 와서 엄마가 거의 몸살까지 났어."

엄마 목소리를 듣는데 울컥했다. 잠시 떨어져 있는 건데도 아무래도 타국에 혼자 있다 보니 엄마 목소리가 그렇게 반가울 수가 없었다. 엄마도 통화 내내 티는 내지 않았지만, 울컥하는 목소리가 느껴진다. 이제 전화하는 방법도 알았으니 자주 전화해야겠다. 국제전화를 사용할 수 없었던 이유는 이랬다. 번호를 누를 땐 미국 국가번호+한국 국가번호+지역번호+전화번호를 눌러야 한다. 지역번호를 누를 땐 무조건 0을 누르면 안 된다. 예를 들어 사는 곳이 뉴욕이라면 다음과 같이 번호를 누른다.

미국의 country exit code는 011이다.
011 국가번호(82) 서울(02) 전화번호(842-8484)
011 82) 2 - 842-8484

우리나라 모든 지역번호의 0만 누르지 않으면 된다.
휴대전화의 경우도 앞의 0을 누르지 않으면 된다.
011 82) 10 - 1234 - 1234

전화를 하고 나니 마음이 한결 가볍다. 유스호스텔 벤치에 앉아 거리를 바라보던 중 South Beach Language center라고 쓰여있는 건물이 눈에 들어온다. 영어, 스페인어, 포르투갈어 등을 가르치는 학원인데 여러 국가의 깃발도 달려있고, 건물도 아기자기하면서 귀엽다. 내일은 이곳에 한번 가보기로 마음먹고 하루를 마무리한다.

South Beach Language Center

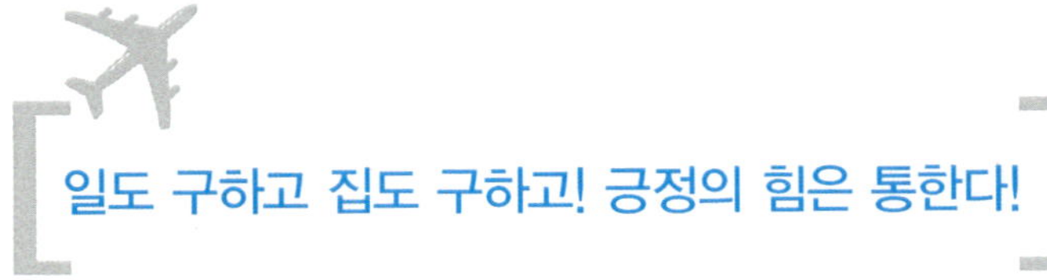

유스호스텔 바로 건너편에 있는 영어 학원. South Beach Language Center.

그냥 학원비가 얼마나 하려나, 내 영어실력은 얼마나 되려나, 궁금해서 한번 가봤다. 호스텔 앞 학원에 가니 원장 Greg이 친절하게 맞아준다. 학원비, 내가 들어야 하는 수업 수준 등 이것저것 물어본 후, 혹시나 하는 마음에 룸메이트를 찾는 학생이 있는지 물어보니 학원의 영어 선생님 중 한 명이 자신이 지내고 있는 아파트에 같이 가보자고 한다.

아파트는 학원에서 그리 멀지 않았다. 집주인 Tony도 마침 자전거를 타고 쇼핑을 다녀오는 중이었다. 나이는 50대 중반의 뚱뚱한 대머리 아저씨 Tony. 자상한 인상으로 나에게 집 이곳저곳을 보여주었다. 이것저것 잴 것 없이 바로 그 집에 살기로 했다.

이후에 어제 들러서 잠시 매니저와 이야기를 나눈 치킨가게에 갔다. 상점 이름은 Wing zone. 내일부터 일을 한번 해보라고 한다!! 항상 '나는 할 수 있다!'는 긍정적인 생각이 긍정적인 결과를 낳는 순간!! 아침 내내 착잡했던 기분이 한방에 가셨다. 한 달 월세 $340짜리 아파트, 부족한 영어실력을 업그레이드하기 위한 Language school(4주에 $299), 휴대전화, 일자리.

미국 도착 5일이 지난 지금, 모든 필수 생활요소가 다 갖추어졌다. 처음 가져온 100만 원($877)으로 첫 주 집값 $85(집값은 나눠서 내기로 했다), 학원비 $299, 4일 치 호스텔값 $100, 올랜도에서 이용한 버스비 $50, 휴대전화 $108, 그동안 먹은 음식비 $30을 쓰고 나니 여윳돈 $150이 남는다. 약 15만 원 되는 돈으로 본격적으로 플로리다에서의 생활이 시작되는구나!

아르바이트 구하기 팁 하나. 무조건 눈빛으로 매니저를 제압한다. 할 수 있다는 자신감을 어필. 그리고 하나 더! 나 같은 여행자를 고용하면 세금을 낼 필요가 없다는 걸 고용주는 알고 있다. 서로 좋을 수도 있다는 이야기.

Wing Zone

실제로 미국엔 남미에서 온 불법 노동자들이 셀 수 없이 많다. 이들을 하나하나 단속하는 것 자체가 힘든 일이라 알면서도 묵인하는 경우가 많다. 나는 이런 방법으로 했다는 것일 뿐, 이는 절대로 불법 노동을 장려하는 것이 아니다.

INFORMATION

NEW YORK
USA
MIAMI
BOSTON
마이애미,
사람들에 녹아들다

MIAMI

즐기자, 마이애미

일자리, 잠자리, 은행계좌, 한국과 이어줄 휴대전화. 모든 것을 세팅하고 나자 드디어 주변이 눈에 들어오기 시작했다. 즐기자. 마이애미 비치.

이곳 바다색은 푸른빛이 아니라 에메랄드 빛이다. 너무나도 깨끗하고, 너무나도 맑은 바다. 비린내가 나지 않는다. 생선냄새도, 소금냄새도 없다. 마냥 깨끗하기만 하다. 사람들과 대화를 해보고 느낀 점은 모두가 마이애미를 자랑스럽게 여긴다는 것이다. 마이애미에 대해 물어보면 자랑이 줄줄 늘어진다. 미국 어느 주나 다 그런가 보다. I ♡ NY 티셔츠는 말할 것도 없고, Illinois, Detroit 등 지역 티셔츠도 많이 팔린다. 요즘 한류 현상으로 곧 I ♡ Seoul 티셔츠도 나오지 않을까 한다.

하루에 한두 번 간헐적으로 비가 내리고, 바람도 상쾌하다. 덥지만 시원하고 상쾌한 곳 마이애미. 그래서일까? 사람들은 친절하고 웃음도 많다. 주말엔 작은 교회에 들러봤다. 작으면서도 가족 같은 분위기의 교회. 신발을 신지 않고 설교를 들으러 온 사람들부터 잘 차려 입고 예배를 드리는 사람들까지. 주변을 의식하지 않는 자유가 이런 곳에서도 느껴진다. 동양인은 나 하나뿐이다. 지나가던 흑인은 그게 신기했나 보다. Chino, Chino 하면서 나에게 말을 건다.

아멘은 알아들을 수 있었던 교회

"Chino?"

"What?"

"Chinese."

"I'm not a Chinese."

"Japanese?"

"Not from Japan."

"Where are you from?"

"I'm from Korea."

Korea가 어디 붙어있는지 잘 모르는 눈치다. 지금은 알겠지. 적어도 강남 스타일 정도는. 마이애미 비치에서는 동양인을 거의 보지 못했다. 그 흔하다는 중국인도 찾기 어려웠다. 매일 아침 수영을 하러 해변으로 나간다. 아르바이트는 11시부터 시작하니 시간도 여유롭다. 겨우 오전 8시인데도 태양이 엄청 강렬하다. 조깅하는 사람들, 선탠하는 사람들, 수영하는 사람들…….

오늘 접한 진실. 브래지어를 벗고 선탠하는 사람들이 실제로 있다. 신기하기도 하고 사실 좋기도 했다. 사실 좀 많이 좋았다. 자꾸 힐끔힐끔 쳐다보게 되는 어쩔 수 없는 내 눈. 차마 카메라까지 들이댈 용기는 나지 않았다.

깨끗한 마이애미의 시장

오후에는 시장 구경을 나간다. 파는 것은 주로 채소와 과일. 경쾌하고 깨끗한 거리. 거리는 넓고 사람들은 밝다. 모르는 사람끼리도 쉽게 인사를 나누고 'Excuse me', 'Sorry'라는 말은 항상 입에 달고 다닌다. 경제가 그 나라를 선진국으로 만드는 것이 아니라 사람과 사람 사이의 배려와 존중, 예의가 그 나라를 선진국으로 만드는 것이 아닐까?

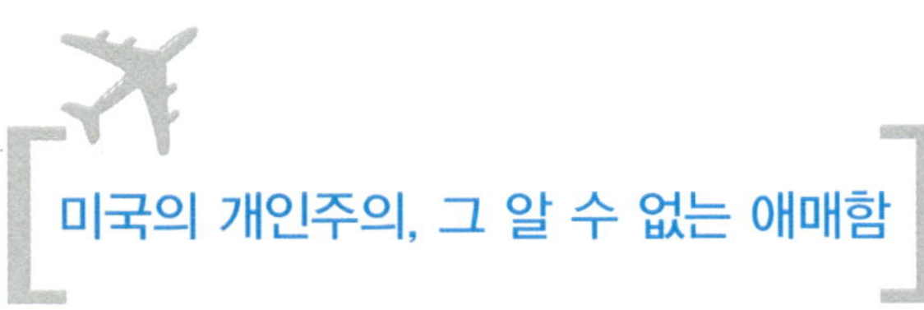

미국의 개인주의, 그 알 수 없는 애매함

어렸을 적 수업시간에 배운 내용이 기억난다. '우리' 나라는 공동체를 중요시하는 반면에 미국은 개인을 중요시한다고. 그래서 '우리'는 '우리' 집, '우리' 엄마, '우리' 아빠, '우리' 형, '우리' 선생님 등을 쓰지만, 미국에서는 'My' house, 'My' mom, 'My' dad, 'My' brother, 'My' teacher~ 를 쓴다고 한다. 다 자기 것이고 다 내 것이다. 어찌 보면 다른 사람 눈치 안 보고 살아갈 수 있어서 편할 수도 있을 것 같지만 반대로 그 때문에 벌어지는 부정적인 일들도 있을 것이다. 예를 들면 다음과 같은.

하루는 길을 가는데 한 어린이가 길에서 울고 있다. 엄마한테 혼이 난 모양이다. 약 7살 정도로 보이는 어린 꼬마가 엄청 크게 울면서 엄마에게 하는 말.

"I'll call the police!!!" (경찰 부를 거야!!!)

그러자 더 화가 난 엄마는 휴대전화를 뺏어서 바닥에 팽개쳐서 부숴버린다. 그러고서 하는 말.

"Call the police, now!" (당장 경찰 불러!)

황당했다. 또 하루는 이런 광경을 목격했다. 룸메이트 토니와 러셀의 말다툼. 두 명의 덩치 큰 중년들이 싸우는 것을 보고 있자니 소름이 돋으면서도 어이가 없어 피식 웃었다.

왼쪽부터 토니, 맥스, 러셀

토니: "이건 내 콜라고!!! 저것도!!! 내!!!! 바나나야~~~~~!!!!!!!!!!!!!!!!!!"
러셀: 문을 쾅! 닫고 방으로 들어간다.
토니: 완전 씩씩거린다. 너무나 화가 난 모습.

토니는 7살 어린이가 아니다. 적어도 50은 넘은 중년. 우리나라에선 자신의 음식을 남이 먹어도 저렇게까지 화를 내진 않는데. 러셀이 토니의 콜라와 바나나를 야금야금 장기간에 걸쳐 먹어왔나? 알 수가 없다.

길을 지나다니다 보면 핫도그나 햄버거를 먹으면서 돌아다니는 사람들도 종종 보인다. 서울 한복판에서 햄버거를 먹으면서 돌아다닐 수 있는 성인이 있을까? 그만큼 남의 눈치를 보지 않는다. 살기가 참 편하다. 그렇다고 이 사람들이 전혀 남을 배려하지 않는 게 아니다. 서로 길가다 부딪치면 자동반사적으로 'Excuse me' 혹은 'Sorry'라고 말하고, 양보 운전도 잘하고. 특히 보행자를 먼저 지나가게 하는 운전자의 손짓을 자주 보았다. 상점이나 건물에 들어갈 때도 뒤에 사람이 있으면 뒷사람이 들어올 때까지 문을 잡아주기도 하고, 심지어 버스는 자전거를 가지고 다니는 사람들을 위해 버스 몸통에 자전거 주차공간까지 만들어 놓았다.

그럼에도, 뭔가 5% 부족하다. '우리'라는 공동체보다 '나'라는 개인에 더 가치를 두는 데서 오는 차이가 한국에서 태어나 20년을 넘게 생활한 나에겐 아직은 많이 낯설다.

바다, 마이애미

마이애미비치에 도착하고 나서 약 일주일간의 정착기를 가진 후부터, 매일 아침 바다에 간다. 집에서 바다까지의 거리는 3블록. 걸어서 5분 정도 거리이다. 어떤 날은 반팔을 입고 가기도 하지만 대부분 웃통을 벗고 간다. 길을 걷다 보면 웃통을 벗고 다니는 사람들이 많이 있다. 흑인들이 특히 몸이 좋은데 이 사람들은 타고난 것 같다. 어쨌든, 여긴 미국이니까, 우리나라에서는 못했겠지만, 나도 웃통 벗고 막 돌아다닌다. 미국이라서 가능했다. 태양이 워낙 강렬하기 때문에, 썬 블록은 필수.

삼천포로 잠시 빠지자. 미드나 영화를 보다 보면 가끔 등장인물들이 욕을 한다. 썬 오브 비치!(Son of Beach, or Sun of Beach) 해변의 태양? 해변의 아들? 이게 나쁜 말인가? 이렇게 생각하곤 했었다. 올바른 표현은 'Son of a Bitch' 여기서 Bitch는 암캐를 말한다. Son은 아들. 따라서 암캐의 자식. 욕이 맞다.

마이애미비치. 발음에 주의해야 한다. 비~~치.

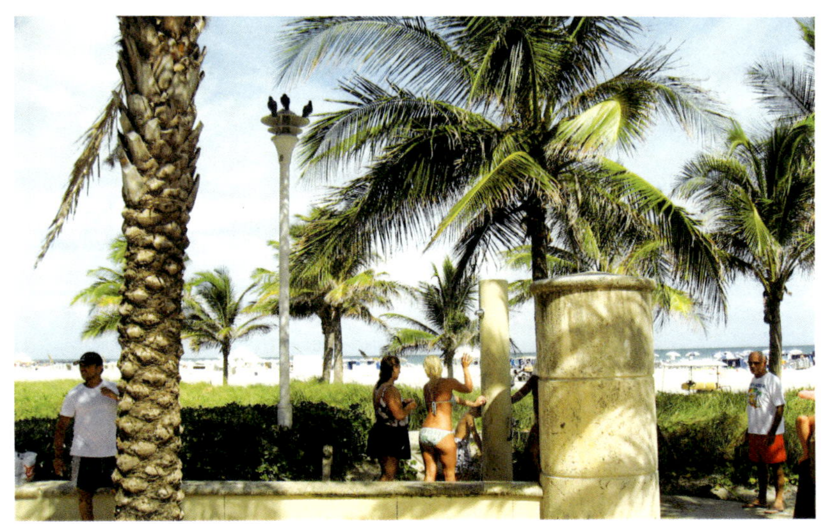

마이애미비치

해변 곳곳에 샤워시설들이 있다. 샤워기가 설치된 기둥만 달랑 하나. 간단하면서 실용적이다. 기둥에 설치된 버튼만 누르면 시원하게 물이 나오고 마셔도 상관없다. 이곳 사람들은 수돗물을 그냥 마신다. 뉴욕과 보스턴도 가봤지만 모두 마찬가지. 수돗물을 마시는 사람들이 많다. 음식점에서도 Tap water를 달라고 하면 돈 안 내고 물 마실 수 있다. 수돗물이 나쁘진 않은가 보다. 여행하는 내내 수돗물을 마셨지만, 병 한 번 앓지 않고 잘 지냈다.

해변엔 거지(Homeless; 집 없는 사람들)들이 가끔 보인다. 바닷속에서 잠수하다가 잠시 후 미역 비슷한 걸 입에 물고 나오는 거지도 봤고, 저녁에 거리에 나가 조깅을 하면 문 닫힌 상점 구석에 상자를 깔고 잠을 자는 이들이 듬성듬성 보인다. 그런 사람들은 보통 깡통을 차고 길에 앉아 구걸하는 경우가 많고, 조금 창의적인 노숙자는 악기를 연주해서 팁을 받기도 한다. 또 어떤 노숙자는 자신이 키우는 개에게 깡통을 물린 후 사람들에게 돈을 받아오게 한다. 그러면 사람들은 재밌다는 듯 웃으면서 개에게 돈을 주곤 한다. 그 돈은 개 꺼. 개는 노숙자 꺼. 그럼 돈은 노숙자 꺼. 창의적인 아이디어가 항상 승리한다.

해변에 들어서면 사람들이 항상 바글바글하다. 1년 내내 온화한 기후에 워낙 유명한 관광지이다 보니 세계 각지의 많은 사람이 마이애미비치를 꾸준히 찾는다. 특히 미국에서 가까운 유럽, 남미 관광객이 많다.

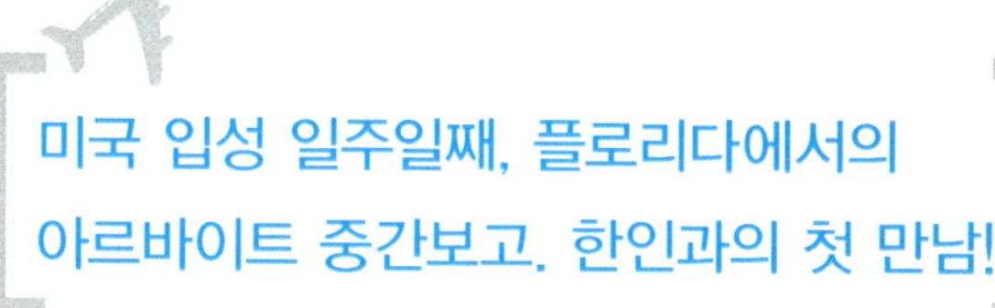

미국에 온 지 일주일째다.

"Everything OK?"

출근하면 매니저가 항상 처음 던지는 말이다. 그럼 나는 "Everything OK!"라고 대답한다.

배달의 기수인 루이는 브라질 사람이다. 이곳에서 28년을 살았고, 나이는 36. 자신의 직업을 사랑하고, 오토바이는 한국 제품이고, 미국인과 결혼을 했으며, 자식들은 착하고, 토마토는 얇게 썰어야 하고, 닭 날개 열 조각 주문이 들어오면 열두 조각을 튀겨서 두 개는 몰래 먹으라고 한다.

레이가 카운터를 보다가 웹사이트에 접속한다. 휴대전화를 고르고 있길래 우리나라 S 전자의 햅틱 폰을 보여주었더니 하는 말,

"Wow, This is what I've been looking for!"

길을 가다 보면 우리나라 자동차들이 간간이 눈에 띄고, 전자제품도 우리나라 기업 제품들을 많이 사용한다. 땅은 비록 작지만 자랑스러운 한

왼쪽부터 크리스티나, 매니저 에란, 레이

국 기업들이 세계를 무대로 멋진 공연을 펼치고 있다. 너무 자랑스럽다.

정신 없이 일하다 보니 어느덧 퇴근 시간.

집에 가려고 하니 또 소나기가 내린다. 번개도 반짝반짝 아주 끝내준다. 낯설고 깨끗하고 아름다운 이국 땅에서는 그 흔한 여름날의 소나기조차 새로운 것처럼 느껴진다. 레이가 "Hurricane!!" 이라고 소리치며 춤을 춘다. 그 상황을 그냥 즐길 줄 아는 사람들. 비가 와서 가지 못하고 쭈뼛쭈뼛하고 있으니 한마디 한다. "Just enjoy it!" 그 속에서 또 다른 즐거움을 느낀다. 뛰었다. 빗속을 뛰어가는데 저만치 앞에 동양인 여자 세 명이 보인다. 왠지 감이 온다.

다가가서 "Excuse me?"라고 하니 그쪽에서 먼저 "우리 한국인이에요." 라고 한다. 외국에서 처음 만나는 한국인이다. 미국 도착 일주일 만에 한국인을 찾았다. 너무 반가워서 와락 끌어안고 싶었지만 일단 여자들이라서 참았다. 처음 만난 사이인데도 한 1년은 알고 지낸 사람들처럼 금방 친해졌다.

"한인마트에서 김치도 팔아요."

"진짜요?"

"어제는 김치볶음밥도 해 먹었어요."

"우와."

"삼겹살도 해먹었어요."

"우와, 별로 안 부러워요. 한인마트가 어딘데요?"

"언니, 가르쳐주지 마, 별로 안 부럽대."

"ㅎㅎㅎ"

"ㅋㅋㅋ"

그렇게 1초 만에 친해졌고 지금도 연락을 하며 지낸다. 좋은 인연은 참 오래 가나보다. 감사할 따름이다.

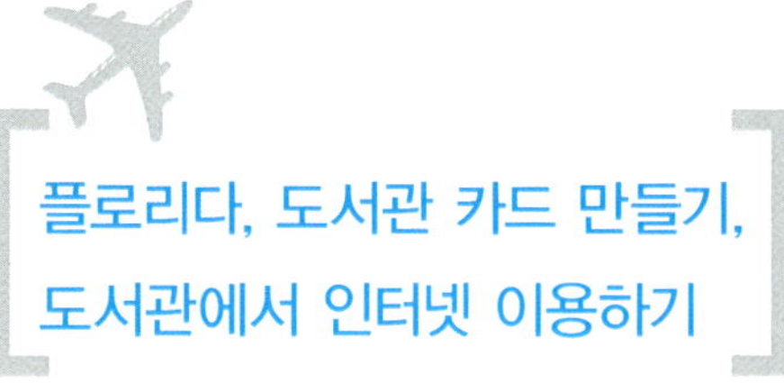

플로리다, 도서관 카드 만들기, 도서관에서 인터넷 이용하기

인터넷 없이 미국 생활을 계속 이어나갈 수는 없었다. 집도 절도 없는 곳에서 인터넷 없는 생활은 그럭저럭 괜찮았지만 어쨌거나 인터넷은 필요했다. 간단하다. 그냥 지나가는 사람 붙잡고 물어보면 된다. 낯선 이가 말을 걸어도 '이거 도를 아십니까 아냐?' 하며 꺼리는 이를 보지 못했다. 친절하게 알려주거나, 본인도 잘 모른다며 다른 사람에게 같이 물어봐 주는 경우는 많았다. 길거리를 걷다가 인터넷 생각이 문뜩 나길래 지나가는 이에게 물어봤다.

"근처에 인터넷 사용할 수 있는 곳이 있나요?"

도서관

동네 공공 도서관. Miami-Dade Public Library System.

인터넷을 2시간 무료로 사용할 수 있다는 말을 듣고 찾아갔다. 도서관으로 가는 길엔 시원시원한 야자수들이 열을 맞춰 서 있고 교통도, 날씨도, 모두 맑음이다.

서울에서 대학 한번 가보겠다고 들락거린 도서관 가는 길을 잠시 생각했다. 도로엔 버스, 택시, 자가용들이 서로 끼어들고 빨리 가려고 안달이 났고, 주위를 둘러보면 상점, 건물들이 또 빼곡하게 박혀있다. 덕분에 주위를 둘러볼 여유도 없고 다들 말없이 자신들의 길을 가기에 바쁘다.

이런 생각도 잠시 금세 주변 경치에 심취되어 두리번두리번 거리며 갈 길을 간다. 날은 덥지만 상쾌하고 사람들의 표정엔 여유가 묻어난다. 덩달아 나도 여유를 많이 느끼는 하루하루다. 매일매일 조급함에 사로잡혔던 나 자신을 여유로움으로 달래주는 느낌이 참 좋았다. 마이애미 사람들이 'Sorry', 'Excuse me' 말고도 입에 달고 다니는 말이 또 있다.

"Easy, easy."

"Take it easy."

그렇게 20분을 슬금슬금 걸어서 도서관에 도착했다.

나:　　"Could I get a library card or something like that?"

　　　(도서관 카드나 뭐 그런 거 받을 수 있나요?)

거기:　"Sure, fill in the form here, please."

　　　(물론이죠, 여기 양식 좀 작성해주세요.)

나:　　"I, I am just a traveler and I just want to use the internet."

　　　(아, 전 그냥 여행자고, 컴퓨터 좀 쓰고 싶은데요.)

거기:　"Ok, got it. Here's a guest card and you can use the internet for 2 hours a day."

　　　(알겠어요. 그럼 게스트카드를 줄게요. 그리고 하루에 2시간씩 사용할 수 있습니다.)

이젠 한국에 있는 친구들과 인터넷으로 만날 수 있다는 생각에 기쁜 마음으로 컴퓨터를 시작했다. 두 시간이 엄청 빠르게 흘러갈 걸 알기에 초조한 마음으로 인터넷을 켰다. 하지만 보안 프로그램 때문에 한글 서비스 팩을 설치할 수 없어 어쩔 수 없이 영어로 친구 미니 홈페이지에 방명록을 남겨야 했다. 어쩔 수 없지. 이 대신 잇몸이다. 영어로 친구 미니홈피 방명록에 안부인사를 남긴다.

"di sksms wkf dlTek. wkf wlsosi?"

이 내용을 한글 자판으로 치면 '야 나는 잘 있다. 잘 지내냐?' 가 된다.

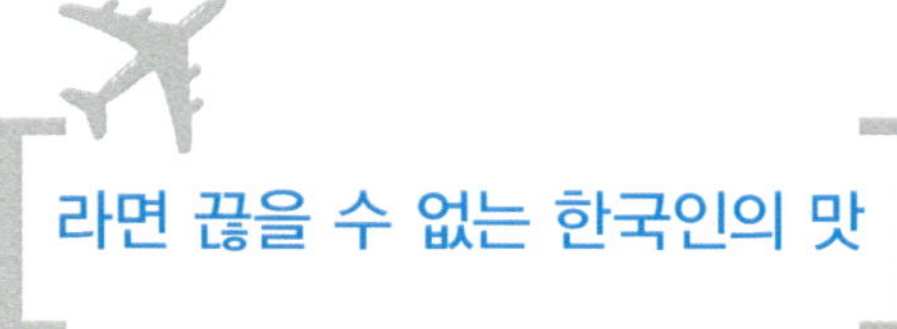

라면 끊을 수 없는 한국인의 맛

어제 길에서 만난 한국 친구들에게 문자를 보내는 중. 이들은 대학교 프로그램으로 플로리다의 한 호텔에서 인턴을 하고 있었다.

나: "You guys have something to do after school?"

      (학교 끝나고 뭐 할 일 있어?)

세리　　"We're going to Korean market after work. We go to school once a week, kk, babo."

（우리 일 끝나고 한인마트 갈 거야. 우린 학교 일주일에 한 번 가, ㅋㅋ 바보.)

나　　"Give me some kimchi. What time will you go? Can I join you? You babo, too."

（나도 김치 좀 줘, 몇 시에 갈 거야? 나도 가도 돼? 너도 바보야.)

세리:　"Maybe 5pm? But some korean guy is gonna pick us up, kk. Kimchi is 10$. kk"

（아마 5시? 근데 어떤 오빠가 우리 태워다 주기로 했어. ㅋㅋ 김치는 10달러야. ㅋㅋ)

나:　"Oh no, I'm working till 7pm, If possible, can you bring me some lamyuns? I'll pay for them."

（안 돼, 난 7시까지 일하는데, 나 라면 좀 사다 줄래? 돈 줄게.)

세리:　"How many?"

（몇 개?)

나:　"5 will be fine, thanks!!"

（5개, 고마워!!)

그토록 그리던 라면을 드디어 손에 넣을 수 있게 되었다. 다음 날 아침, 친구들이 출근하기 전에 라면을 받으러 뛰어간다. 전역하고 나선 몇 번 달려본 적이 없던 저질 체력이, 라면 하나 받겠다고 달리고 또 달린다. 버스를 왜 타지 않았을까?

13th street, 14th street, 15th street, 중간에 좀 걷다가, 다시 16th street, 달리고, 달리고, 24th street. 다 왔다. 라면을 생각하며 약 3km 되는 거리를 달려서 드디어 라면을 손에 넣었다. 집으로 돌아가는 길이 친구들이 일하는 호텔과 같은 방향이라서 함께 걸어갔다.

정확히 무슨 이야기를 한지는 모르겠지만 걷는 내내 대화는 유쾌했다. 언제 봤다고 이렇게 친해질 수가 있는 걸까? 낯선 곳 낯선 환경에서 만난 한국사람, 한국에서 봤더라면 그냥 지나쳤을 인연들이었을 텐데. 사람과 사람과의 인연. 참 소중하다. 그리고 함께 있는 그 시간은 아무 걱정거리도 없이 즐겁기만 한 시간으로 만들어버린다. 김치, 라면, 한국인. 최고다.

에디

나의 직장(아르바이트이기 때문에 직장이라 부르기 그렇지만)동료인 에디.

열심히 일하고 있는데 선글라스에 꼬질꼬질한 차림으로 키 작은 곱슬머리 남자 한 명이 자전거를 문 밖에 세우고 들어온다.

"Are you guys hiring?" (직원 구하나요?)

　에디가 처음 뱉은 말이다. 나는 잠시 기다리라고 말을 한 후 매니저에게 구직자가 왔다고 말했다. 매니저를 기다리며 Eddie와 이런 저런 얘기를 나누었다. 미국은 처음 보는 사람들끼리도 참 이런 저런 얘기를 잘 나눈다. 그러면서 이미 우리는 좋은 친구가 될 수 있을 거라는 느낌을 받았다.

　아니나 다를까, 다음 날 Eddie가 출근하여 우리는 같이 닭 날개를 튀기기 시작했다. 여기저기서 많이 아르바이트해본 Eddie는 오히려 날 도와주며 즐거운 시간을 보냈다. 어느새 베스트 프렌드가 되어버린 Eddie.

　일을 마치면 함께 해변에 가서 맥주도 마시고, 스케이트보드도 타고, 수영도 다녔다. 멕시코인인 아버지 탓에 Eddie는 스페인어와 영어를 자유롭게 구사할 수 있었다. 덕분에 스페인어도 조금은 알아듣게 되었다.

　하루는 일을 마치고 함께 Irish Pub으로 향했다. 힘든 일과를 마친 후 맥주 한 잔의 휴식. 밖엔 비가 내리고 바람은 상쾌하다. 분위기 역시 좋다. 여긴 플로리다 마이애미이다.

"Where are you from?"

바 옆자리에 앉은 사람이 말을 건다.

"Korea."

라고 대답을 하니,

"Which part? South or North?"

라고 물어본다. "South"라고 하니 South가 좋은 한국인지 나쁜 한국인지 물어본다. 어릴 때부터 우리나라가 유일한 분단국가라고 항상 배우곤 한다. 매번 북한 정계에서 하는 일을 보면 한심하고 화가 나기도 하지만 원래 분단되지 않았었던 한 나라였던 것을 생각하면 안타까운 현실이다. 하지만 언젠간 평화통일이 될 거라고 확신하면서 이런 생각을 가지곤 한다. 그때가 되면 Korea를 Corea라고 바꾸는 것이 어떨까?

믿거나 말거나 (나의 초등학생 시절)

선생님: 우리나라가 왜 Korea인지 아는 사람?

우리: (조용⋯)

선생님: 원래 우리나라는 Corea였어. 하지만 일본이 우리나라를 강점하고 있을 당시 Corea의 C가 Japan의 J보다 앞에 있다는 이유로 C를 K로 바꾸었지.

믿거나 말거나, 하지만 어느 정도 근거가 있는 이야기이긴 하다. 원래 사람들은 때때로 사소한 거에 목숨을 걸곤 하니까. 통일되면 Korea를 Corea로 바꾸면 어떨까 생각해 본다. 더는 지도에서 South Korea, North Korea를 볼 수 없기를 바라면서. Sea of Japan이 사라지길 바라면서.

하나 더 말하자면, Sea of Japan을 East Sea라고 우린 주장한다. 맞는 말이다. 말 그대로 동해, 동쪽에 있는 바다이니까. 하지만 East Sea로는 뭔가 부족한 감이 있다. 어차피 아직도 Sea of Japan으로 더 많이 알려진 거 Sea of Korea 또는 East Sea of Korea로 바꾸는 건 어떨까? Language School 지구본에 새겨진 Sea of Japan을 Sea of Korea로 바꾸었다. 경제, 독도, 북한, 동해, 아직도 참 숙제가 많다.

부모님에게 욕하는 자식, 노후대책, 여기는 플로리다

일을 마치고 집으로 왔는데 집안 분위기가 심상치 않다. 문을 열고 본 광경은 말 그대로 충격적이다. 토니와 토니의 딸이 말싸움하는 중. 토니의 딸은 두 아들을 가진 30대 아줌마다.

이날 토니의 딸을 처음 보았는데 처음 모습이 싸움이라니. 언뜻 봐도 키 180에 몸무게 90kg 이상이다. 거구의 포스가 장난이 아니다.

토니: "Fuck you~~~~~~~~~~~~!!!!" (목소리 엄청 큼.)

딸: "Fuck you??? You fuck you!!!"

토니: "Get out~~~~~~~~~~~!!!!!!!!!!!!!!!!!!!!!!!!!!!!!!"

러셀이 토니의 바나나를 먹어서 싸울 때와는 톤 자체가 다르다.
토니의 목소리가 그렇게 큰 줄은 처음 알았다.

머물던 아파트

러셀은 토니의 딸을 밖으로 내보내고 토니는 딸에게 "Fuck you!!"라고 소리치고 딸도 아버지에게 "You Fuck you!!"라고 소리친다. 가관이다. 아이들이 보고 있는데, 아이들은 안중에도 없다. 그렇게 토니의 딸은 화를 내며 자신의 집으로 차를 몰고 사라진다. 전후 사정은 어떤지 몰라도 어떻게 자신의 부모에게 저렇게 욕을 할 수가 있을까? 사춘기 애도 아니고.

사실 이건 이곳의 문제만은 아니다. 한때는 동방예의지국이라 불렸었던 우리나라도 마찬가지이니까. 언제부터인가 노후준비라는 단어가 들려오더니 지금은 누구나 대비해야만 하는 이슈가 되었다. 노후준비를 다른 말로 표현하면 '당신이 늙으면 아무도 당신을 보살펴 주지 않을 테니 젊어서 부지런히 준비하세요.' 자식을 낳아 자식농사를 잘 짓는 것만큼이나 완벽한 노후준비가 또 있을까?

맞다, 시대가 바뀌었다. 옛날 1980년대 대가족 시절을 생각하기엔 이미 많은 시간이 흘러버렸다. 그 때문일까? 노인 학대, 방치는 이미 심각한 사회적 문제가 되었고 그들을 위한 실버타운이라는 새로운 사업도 생겨난 지 오래다. 노인복지사 자격증은 미래유망업종 중의 하나가 되었고 낳아주신 부모님은 짐이 되어버리곤 한다.

역지사지(易地思之)

내가 나중에 평생을 사랑해온 자식에게 방치를 당하는 처지라면 또는 더 심각한 상황인 학대를 당한다면 어떤 기분일까? 자식이라면 당연히 부모님을 공경하고, 부모님은 노후를 위한 펀드나 저축예금에 투자할 필요가 없는 사회가 정말 사람 사는 세상 아닐까?

어릴 적, 추운 겨울날 학교를 마치고 집으로 돌아오면 나의 꽁꽁 언 두 손을 이불 속에 넣어주시던 할머니, 할아버지와 함께 살던, 받아쓰기를 100점 맞아서 빨리 집에 가서 엄마에게 자랑하고 싶었던, 만화 영화를 보다가 아빠가 퇴근해서 들어오시면 동생과 달려가서 안겼던 그때를 추억해본다.

일도 하고, 여기저기 구경도 많이 하고 이제야 어학 공부에 대해 말하려 한다. 마이애미비치에 도착하자마자 며칠간 유스호스텔에 머무는 동안 길 건너 바로 앞에 있는 건물을 보면서 '저긴 뭘까?' 하는 생각을 하곤 했다.

Language Center. 보통 학원이나 학교는 Academy, Institute, School, 뭐 이런 걸 쓰기 마련인데 Center라. 건물엔 각국의 국기들도 걸려있고 건물 디자인도 아기자기하다. 유스호스텔에서 만난 한 러시아 친구가 그곳에서 영어를 배운다고 해서 나도 한번 가봤다.

학원 친구들과

학원비: 4주에 $299.2

주 4회 하루 2시간씩.

한 달에 30만 원 돈이면 한국과 다를 게 없다. 룸메이트도 소개해준 고마운 학원인데다가 영어도 배울 수 있으니 $299 정도야 가뿐했다. 무엇보다도 일자리가 생겼기에 부담이 없었다. 학원에서 만난 에스테르. 스페인 사람인데 So Hot이다. 치마를 입은 채 분홍색 자전거를 타고 다니는 그녀. 지각을 매일 한다.

왼쪽부터 마를린과 에스테르

한 번도 거르지 않고 지각을 한다. 남미 사람들의 시간 개념은 우리랑은 많이 다르다. 지각했다고 해서 허겁지겁 교실로 들어오지 않는다. 로비에 비치된 커피포트에서 커피 한잔을 여유롭게 내린다. 느긋하게 커피를 손에 든 채로 교실 문을 열며 웃으며 인사한다. 덕분에 지각 한번 안 하던 나도 지각이 자연스러워졌다.

학생은 6명에 선생님은 캐나다인이다. 사실 학원도 도움이 많이 됐지만, 무엇보다 한국인이 없는 환경에서 홀로 지냈던 것이 언어를 배우는 것에 가장 도움이 되었다. 집에 가도, 일하러 가도, 밖을 돌아다녀도 영어를 써야만 하는 환경이었고 한국에서 나름 정말 열심히 단어암기, 문법, 독해를 했었던 이유도 있을 것이다. 그렇게 학원수업 두 시간은 홀

쩍 가버렸고 몇 블록 떨어지지 않은 곳에 있는 일터로 출근한다.

내가 마이애미를 떠나던 날 "조~ Kiss me~"라고 말하며 자신들의 볼을 내밀었던 마를린과 에스테르가 아직도 생각이 난다. 왜 페이스북이 그때는 없었을까? 마를린은 많은 웃음만큼 말도 많다. 문법도 엉망인데다가 말도 참 빨라서 영어로 말을 시작하면 몇몇만 알아듣는다. 그렇다고 해서 전혀 창피해하거나 주눅들지 않는다. 오히려 특유의 당당함으로 선생님을 나무랄 정도. 덕분에 웃을 일도 참 많았다. 우리도 영어 말하기에 자신감을 갖고 마를린처럼 한다면 언어학습이 더 재밌어지겠지? 즐거운 학원 생활. 특정한 생활반경이 정해져 있는 어학연수가 아닌 관광비자를 받아서 놀면서, 불법으로 일도 하면서, 취미로 학원도 다니면서 이러고 있다. 내게 다신 없을지도 모를 20대의 특별한 여행. 충분히 만끽하고 있다.

Better than nothing. 긍정적인 생각과 첫 주급

오늘도 학원 수업을 마치고 아르바이트를 하러 간다. 사실 여행 내내 좋은 일만 있었던 건 아니다. 다른 친구들과 일을 할 때는 괜찮은데 매니저 에란과 함께 일하면 그날은 완전 녹초가 되어버리곤 한다. 직원들에게 도무지 쉴 틈을 주지 않는다. 소스가 담긴 그릇을 씻고 나면 기름을 갈아야 하고, 그 와중에 주문이 들어오면 닭을 튀기고 또다시 갈던 기름을 갈고, 일이 끝나자마자 행주 여러 개를 빨아서 밖에 널어야 하고 행주를 빨다가 또 다른 주문이 들어오면 닭을 튀기고, 또다시 행주를 빤다.

잠시 10분 정도의 쉬는 시간을 가진 후, 에란이 "Cho! Everything Ok?"라고 물어보면 나는 "Ok"라고 대답하고, 그러면 에란은 냉장고를 닦으라고 한다. 주문은 계속 들어오고, 에란은 무언가를 자꾸 시키고, 그렇게 8시간을 일하고 집에 돌아오면 낮잠은 필수다. 함께 일하는 친구들 모두 에란만 있으면 바빠지고 없으면 에란 욕을 한다. 뒷담화, 어느 나라나 다 같은가 보다.

터벅터벅 지친 몸을 이끌고 집으로 가는 길에 에디를 만나 근처 버스정류장에 앉아서 이야기를 나누었다. 에디는 오늘도 다른 일자리를 찾지 못했다고 한다. 에란이 자신에게 일을 많이 주지 않는다고, 주말에만 주로 일을 시켜서 다른 일자리가 필요하다고 한다. 나는 에란이 일을 너무 힘들게 시킨다고 불평을 한다. 그러면 에디는 너는 다른 사람에게 에란이 하는 것처럼 하지 말라고, 그것도 배움이라고, 이 일을 하는 것이 일자리가 없는 것보다 낫다고 한다.

맨날 농담만 던지는 친구인 줄 알았는데 이럴 땐 진지한 면도 있다. "It's better than nothing." (없는 것보단 낫잖아). 불평불만이 살포시 고개를 들려고 할 때 에디를 만나 대화를 나눈 건 다행스러운 일이었다.

드디어 첫 주급! 첫 주급으로 $280을 받았다. 시간당 $7을 받고 40시간을 일한 주급이다. 합법적으로 아르바이트한 게 아니라서 돈은 현금으로 받았다. 때는 2008년 9월. 당시 플로리다주의 최저임금은 $6.79였다. 외국에서 처음 일하고 받은 주급, 뭔가 대단한 업적을 이룬 듯한 뿌듯함을 느낀다. 무언가 해냈다는 자아도취에 빠져 집으로 가는 발걸음은 매우 가볍다.

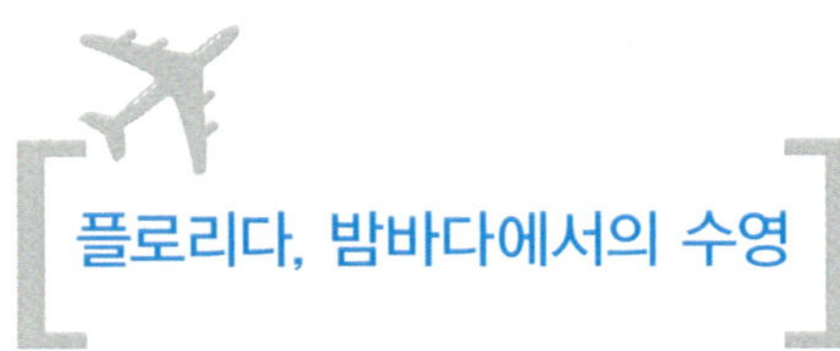

플로리다, 밤바다에서의 수영

일을 마친 후, 저녁 8시. 집으로 가는 길에 디도를 만났다. 갑자기 등장한 디도. 해변에서 운동하다 알게 된 친구이다. 여기 온 지 얼마나 됐다고 아는 사람들이 나름대로 많다. 일 마친 후 귀갓길.

디도: "수영하러 갈 건데 같이 가지 않을래?"

나: "어? 밤에?"

디도: "어, 밤에 수영하면 정말 끝내줘, 친구랑 같이 갈 건데 너도 같이 가자."

나:　　"그래? 그럼 나 밥 먹고 바다로 나갈게. 나 배고파."

디도:　"그래 그럼 9th street 오션드라이브 철봉 있는 쪽으로 와."

나:　　"ㅇㅋ"

밤 9시. 플로리다 마이애미 해변에서 수영을 해본다. 디도, 그의 독일 친구, 그리고 나 셋이서 밤 바다에서 수영을 한다. 주위엔 아무것도 없다. 조그만 물고기들이 떼로 몰려와 다리를 간질인다.

밤바다. 바닷물은 너무나 컴컴하고 그 안엔 왠지 이상한 생명체가 날 잡아당길 것만 같고, 상어도 있을 것 같고, 사실 겁이 좀 났다. 조금 시간이 지나고 나니 이것도 또 다른 멋진 경험이고, 추억이 되었다. 온도도 적당하면서 잔잔한 바다, 별, 달, 구름, 해변을 거니는 연인들, 그리고 친구들. 그게 다였다. 너무나 고요하고, 너무나 평온하다. 더 이상 필요한 것도 걱정거리도 없다. 밤바다에서 수영해보지 않은 사람은 모르리……

여행 시 필요한 것들

나는 준비성이 없는 편이다. 즉흥적이라고 하는 게 낫겠다. 무언가를 하기로 마음먹으면 일단 하고 본다. 준비도 많이 안 하고, 생각도 많이 안 하고, 그냥 저지르고 본다. 5개월이 넘는 미국여행을 하기로 마음먹었으면서 그 흔한 캐리어 하나 구입하지 않았다.

'이게 필요한가?', '무거울 것 같은데?', '이건 가면 있겠지.' 슬리퍼도 하나 안 챙겼다. 지금 생각해 보면, '난 그때 무슨 생각으로 그랬을까?' 하고 웃음이 나오긴 하지만 막상 또 여행한다면 그때보다 짐을 덜 가지고 갈 것 같다. 호스텔에 며칠 묵으면서 만난 친구의 여행 가방을 보고 '와, 저런 것도 있구나.' 했다. 등에 메고 다닐 수 있는 커다란 백 팩. 저거 하나 있으면 세계 여행도 할 수 있을 것 같다.

오른쪽이 내 가방.
여행중에 만난 친구의 것과 비교샷

누군가 물었다.
"너 여행 가방 무거워?"
"아니 별로."
"그게 네 인생의 무게야."

가진 것이 많으면 인생도, 여행도

무거워지나 보다. 뭐든 간단한 게 좋다. 내가 가진 전부는 작은 배낭 하나, 카메라 하나, 위아래 옷 세 벌, 속옷 몇 장, 한 번도 사용하지 않은 PDA. 이게 전부다. 칫솔도 깜빡해서 미국 공항에서 구입했다. 슬리퍼도, 수건도 없다. '가면 있겠지.'가 내 주된 생각이었고, 가면 있었다. 집주인 토니가 티를 여러 장 줘서 플로리다에 있는 내내 옷장이 넘쳐났다. 비상시 필요한 약도 꼭 챙겨가라고 한다. 물론 긴급 상황을 대비해서 약도 종류별로 챙기면 좋지만, 그냥 왔다.

단지 이것저것 많이 들고 다니는 게 싫었다. 학창 시절엔 가방도 안 들고 다니고, 책도 학교에 놔두고 다니고, 주머니도 항상 비워놨다. 무언가가 주머니에 들어있으면 귀찮고, 빨리 빼버리고 싶고, 손에 무언가를 들고 다니는 거 싫어하고, 그래서 군대에서 참 힘들었다. 철모도 써야 하고, 허리엔 요대도 차야 하고, 수통도 달고, 탄창도 달고, 어깨에 총도 메야 하고 이것저것 참 많다. 게다가 행군을 하는 날이면……

"내가 아프러 가니?"라고 얼버무리며 그 흔한 반창고 밴드도 가져오지 않았다. 미국에 온 지 이제 3주가 되어간다. 다음 주 월요일이면 4주차. 벌써 보름이 넘는 시간이 흘렀구나. 군에 입대 후 훈련소에서 1주차, 2주차, 3주차, 명찰에 한 줄, 한 줄 매직으로 까맣게 칠해가며 시간을 보내던 생각이 난다. 5주차 훈련이 끝나면 진짜 군 생활이 시작되는 것처럼 나도 미국에서 5주를 보내면 진짜 미국 생활이 시작되는 걸까?

Miami dade county school

내가 사는 아파트 바로 옆엔 초등학교로 보이는 건물이 하나 있다. 건물 옆엔 스쿨버스도 세워져 있고, 아이들도 보인다. 초등학교인가 보다 하며 별로 관심도 두지 않고 매일 지나치곤 했었는데 이럴 수가. 영어를 공짜로 가르쳐주는 학교도 그 안에 있다고 한다. 피자가게에 들렀다가 우연히 알게 된 사실이다. 이제 학원비 $299 굳었다. 바로 행동에 옮긴다. 피자는 나중에 시키고 일단 학교로 들어가 본다. 처음엔 어디나 그렇듯 갈 길을 몰라 여기저기 서성이는데 Counselor Room이 눈에 띈다. 나의 여권, 휴대전화 번호, 은행 계좌를 체크 하더니 OK, 수요일에 인터뷰를 받으러 다시 오라고 한다.

수요일.

간단한 인터뷰 후 입학을 하나보다 하고 생각했는데 영어시험을 보았다. 오늘 시험을 보기로 되어있는 학생들은 4명, 하지만 컴퓨터 전산이 작동하지 않아 시험은 금요일로 연기되어서 그 길로 바다에 수영하러 간다. 조급해할 것도, 불안해할 것도 없다. 그냥 모든 게 여유로울 뿐. 수요일과 일요일은 아르바이트가 없다. 나름 주 5일제다. 여유롭게 수영을 하러 바다로 나간다.

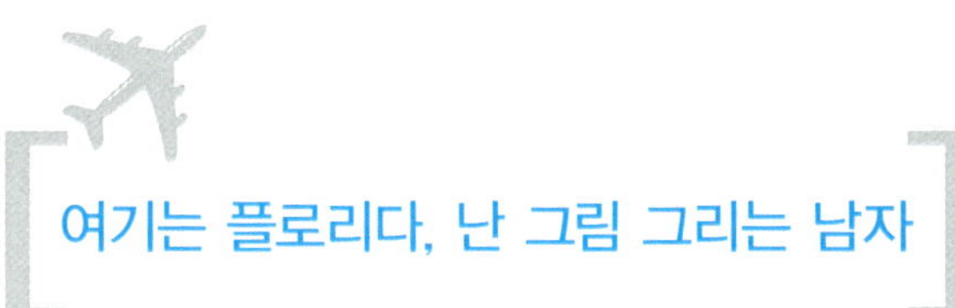

여기는 플로리다, 난 그림 그리는 남자

나의 그녀 So~Hot 에스테르. 말이 참 많다. 건강하고 발랄한 그녀. 상큼하기까지 하다. 학원에 다니면서 많이 친해졌는데, 취미가 뭐냐고 묻길래 그냥 생각 없이 "그림 그리기야."라고 했더니 사진을 주면서 자기 좀 그려달라고 한다. 초등학교 때 그림 잘 그린다는 소리를 듣고 자라긴 했는데 그 이후로는 그려본 적이 거의 없으니 잘 될 리가 없었다. 처음 그린 그림이 마녀같이 되어버려서 또다시 그렸지만, 그것도 마녀 같고, 마지막으로 그린 그림 역시 마녀 같다.

Before and After

　안되면 대기하라. 결과야 어쨌든 이날은 에스테르가 감사의 의미로 멕시코 음식 타코를 샀다. 여행하면서 남는 건, 사람과 사진. 사람과 마주치고 만나는 것. 그들과 교류하고, 마음을 나누고, 서로 알아가는 것. 그것이 여행이 주는 가장 큰 선물이 아닐까 한다.

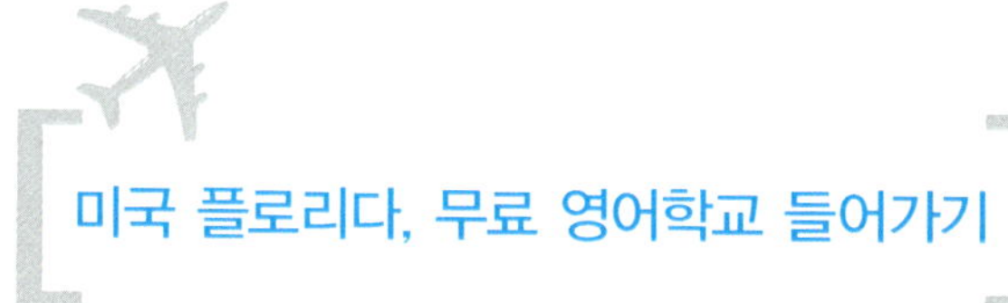

여기는 마이애미 데이다 카운티 스쿨(Miami dade county school). 남미와 가까운 플로리다는 지리적 이유 때문에 남미 사람들이 참 많다. 자연스럽게 스페인어를 사용하는 인구가 영어를 사용하는 인구만큼이나 많고, 그러다 보니 그들을 위한 무료 영어학교도 있다. 다 그런 건 아니지만, 남미 사람들은 영어를 말하긴 하는데 문법, 발음이 엉망인 경우도 많다.

그 이유 중 하나는 자신들의 커뮤니티가 워낙 거대해서 영어를 전혀 말하지 않아도 미국에서 살아가는 데는 아무 지장이 없기 때문이다. 이곳에 들어가기 위해 테스트를 받았다. 예정된 시험시간이 오전 9시라서 미리 10분 전에 도착해 시험 준비를 했다. 시스템은 토익과 비슷했고, 난이도는 정부의 지원으로 학생들을 가르쳐주는 기관이라 그런지, 아니면 영어를 전혀 말하지 못하는 남미 사람들이 많아서 그런지 많이 쉬웠다.

첫 번째 관문, 듣기 테스트.

문제 1. How old are you?

① I am Jane.

② 21 years old.

③ By bus

첫 문제가 위와 같은 문제였고, 뒤로 갈수록 조금씩 어려워지긴 했지만 크게 다르진 않았다.

다음 관문은 독해 테스트. 시험감독관이 이번엔 어려울 거라고 했지만 리스닝 테스트 난이도를 보면 이번에도 크게 걱정 안 해도 될 듯싶었다.

'40분 뒤에 일 가야 되는데…….'

문제를 펼쳤는데 지문이 길다. 낭패다. 32문항. 주어진 시간은 40분. 예전에 편입시험을 보던 힘을 쥐어짜서 문제를 풀기 시작했다. 한 문제, 한 문제 급하게 막 풀어나가는데 주머니에선 누군가 전화를 하는지 휴대전화 진동이 울리고, 일 가야 되는데 늦으면 어떡하나 하는 걱정도 들고, 도무지 집중할 수가 없다. 똥줄이 탄다는 표현은 이럴 때 쓰는 말. 드디어 마지막 문제 32번, 끝! 시계를 보니 이미 11시가 넘었다. 일터로의 첫 지각이다.

"최종 면접은 다음 주 수요일에 있어요. 수요일 아무 때나 오세요."
"네, 감사합니다."

시험을 마친 후 나의 사랑스러운 일터에 전화를 건다. 매니저 애란이 받는다.

"Thank you for choosing wingzone. pick-up or delivery?"

(윙존을 선택해주셔서 감사합니다. 와서 가져가시겠나요? 배달해드릴까요?)

"Hey, Eran, it's me, Cho."

(에란, 나 승희야.)

"Oh my God, Cho! everything ok?"

(오~조~! 별일 없지?)

"Yes, but I've just finished my test at the school. I can go there after 10minutes."

(어, 괜찮아. 그런데 나 지금 방금 학교 시험이 끝나서 10분 후에나 여기서 나갈 수 있어.)

"Oh my God, Cho!!~~!!"

(안 돼!! 조!!!)

"No no no. in 10 minutes. I can get there in 10 minutes, ok?"

(아니아니아니, 10분 안에, 10분 안에 도착할 수 있어! 오케이?)

"Ok, hurry."

(알았어 빨리 와.)

아직 말하는 것이 서툴다.

친구들과

공부하는 학생들

　입학시험을 치른 지 3일 후 반 배정을 받기 위해 다시 학교에 찾아갔다. 리스닝 테스트를 다시 해야 한다고 한다. 이유는 "Your English is too good."이라는 것이다. 어쩐지 문제가 너무 쉽다 싶었다. 왠지 잘난 척하는 것 같아 좀 그렇다. 다시 리스닝 테스트를 치르고, 다음날 또다시 테스트 결과를 확인하러 갔다. A~F반까지 레벨 별로 편성되어 있는데 가장 레벨이 높은 F반에 들어가게 되었다. 역시, 한국에서 시험에 강한 영어를 공부한 게 도움이 있었나 보다. 이곳에서 생활하면서 정말 취약했었던 스피킹도 많이 늘었다. 집에서도, 학교에서도, 일터에서도 영어로 말을 하기 때문. 그래도 부족한 감이 많이 있지만, 예전보다 눈에 띄게 성장한 걸 스스로 느낄 정도이다.

세계 속 한국의 이미지

아침에 일어나 바다에서 수영하고 집으로 돌아와 샤워한 후 상쾌한 기분으로 일하러 간다. 수영 실력은 맥주병이나 다름없었는데 수영 실력이 꽤 늘었다.

잠깐 지금까지의 생활을 돌아보니, 나 자신이 어이가 없으면서 대견하기도 하고, 웃기기도 하다. 주 4일을 일하곤 했는데 매니저가 날 워낙 좋아해서 주5일로 근무 시간을 늘려주었다. 불법으로 일하는 주제에 근무 시간도 늘고, 원하는 날에 쉬게끔 허락도 받았다. 이유는 아무래도 주어진 일을 열심히 했기 때문이 아닐까 한다.

우리나라 모든 서비스 업종, 아니 거의 모든 업종을 보면 고객이 왕이라는 생각으로 고객에게 최선의 서비스를 제공하려 한다. 그러면 그 가게는 사람들로 가득하고 그렇지 못한 가게는 파리만 날리곤 한다. 또 한 가지, 내가 여기서 하는 일이 단순히 닭 날개를 튀기는 일이지만 일을 할 땐 내가 한국의 이미지라는 생각을 한다. 소니, 혼다, 렉서스, 도요타 등이 일본의 이미지이고, 삼성, 현대, 엘지 등은 한국의 이미지이듯, 나도 나 자신이 한국의 이미지라고 생각을 하고 최대한 좋은 인상을 심어주려고 노력한다. 덕분에 나에게 붙은 별명 하나. Wing King. 상점 이름은 Wing Zone이고 그곳의 왕은 나다.

혹자는 이렇게 말할지도 모른다. "외국 가서 닭이나 튀기는 주제에 잘

난 척은." 하지만 쥐뿔도 없는 강원도 청년이 혼자서 미국여행 한번 해보겠다며 미국으로 날아가 그 과정을 한 걸음 한 걸음 실천하고 있는 것이 스스로 대견하다고 느끼기에 그걸로 충분하다. 이 경험이 나에게 남겨준 것이 돈은 아니다. 어른이 되어가는 문턱에서 돈으로 살 수 없는 값진 것들을 얻었다. 어디에서도 살아남을 수 있을 것 같은 자신감. 다시 찾으면 반갑게 맞아줄 친구들. 다른 이들에게 들려줄 수 있는 이야기들. 돈 쓰며 여기저기 사진 찍으며 다닌 관광이 아닌, 현지 문화에 직접 젖어 들어 사람들과 교류하며 즐거움을 함께 나눈 여행을 했다는 것. 내 여행으로 사람들에게 조금이나마 용기와 위안을 줄 수 있다는 것. 이것으로 충분하다. 무엇이 더 필요할까.

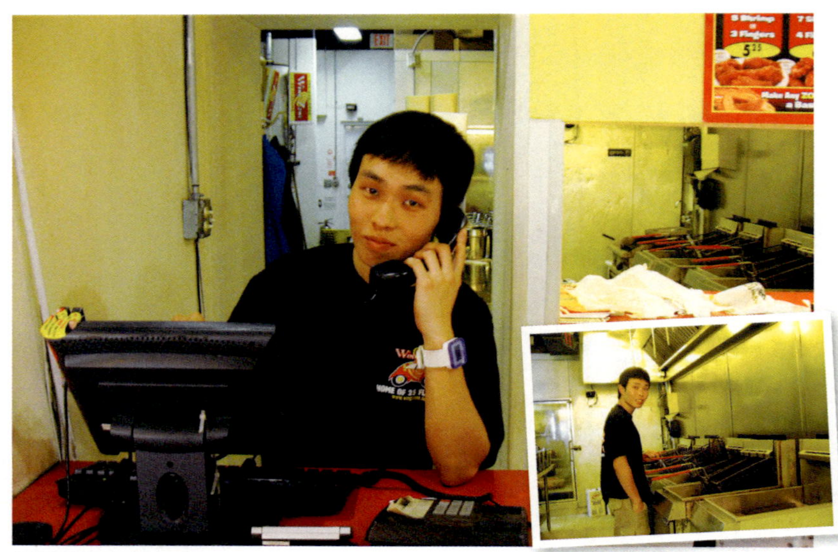

전화 주문받기 연습

닭 튀기기 설정샷

왼쪽 로미나, 맨 오른쪽 엘리자베스

Elizabeth: "또 에스뚜디아 머라머라머라머라고."

나:　　　　"?"

Elizabeth: "에스뚜디아 꼰 미고 블라블라블라……."

나:　　　　"I'm sorry, I don't speak Spanish." (나 스페인어 못해요.)

Marlyn:　　"She wants to study English with you, cho."
　　　　　(엘리자베스가 너랑 영어 공부하고 싶대.)

나　　　　 "Oh really? why not?" (진짜? 좋지!!)

내가 다니는 영어학원에는 스페인어로 말하는 사람이 90% 이상이다.

엘리자베스는 멕시코, 로미나는 베네수엘라 사람인데 영어로 거의 말하지 못한다. 하루는 둘이서 I doesn't…… 이런 문장을 쓰고 있길래 I don't로 고쳐준 적이 있다.

나:　　"I doesn't, no. I, You, do. He, she, Tom, whatever, Does."
(I doesn't는 아니에요. I, You는 do를 쓰고, He, She, Tom, 이런 건 Does를 써야 해요.)
그들:　　"Ah~"

그 때문인지 엘리자베스 아줌마가 함께 영어공부를 하자고 한다. 게다가 로미나는 영화에서나 나오는 미녀 같다. 이번 주 금요일에 엘리자베스 아줌마의 집에서 만나기로 했다.

지금 플로리다는 가을시즌이다. 여름시즌에는 날씨도 매우 덥고 짤막한 비도 매일 오곤 했는데 가을이 되면 날도 선선하고 비도 잘 오지 않는다. 시원하고 상쾌하지만 그래도 여전히 덥긴 하다. 일하지 않는 날엔 열심히 돌아다녔는데 아직도 가보지 못한 곳이 너무나 많다.

난 지금 플로리다 마이애미에 와 있다. 나는 집도 있고, 일자리도 있고, 친구들도 있고, 휴대전화도 있고, 학교도 다니고 있고, 스케이트보드도 있다. 여기는 마이애미비치다. 너무나 아름답고, 너무나 행복하다. 불과 한 달 전만 해도 외국에 나가는 것이 마냥 두렵고, 자신 없었는데 이곳 생활에 이토록 익숙해져 있다는 것이 놀랍기만 하다. 모든 것이 익숙해져 가는 지금, 이제는 또 다른 곳으로 여행할 때가 된 것 같다. 또 새로운 무언가를 찾아서. 4주 후, 다음 목적지는 뉴욕(NYC)이다.

서양식 인사, 그 친근함의 표현이 좋다!

세상엔 다양한 인사법이 있다. 허리를 90도 굽혀 하는 인사. 손을 맞잡고 흔드는 악수. 가볍게 하는 목례. 흑인들이 주로 하는 눈 살짝 내리깔며 고개 치켜들며 와썹~ 하기. 그 중 가장 맘에 드는 인사는 빰과 빰을 맞대며 하는 인사. 난 이게 참 좋다. 대박이다.

엘리자베스 아줌마와 함께 영어공부를 하기로 약속한 날이다. 몸은 피곤하지만, 혹시라도 한국 사람들 약속 잘 지키지 않는다고 오해할까봐 시간에 맞춰 엘리자베스 아줌마네 집으로 찾아갔다. 손에는 주스 한 병 사 들고. 발걸음은 매우 가볍다. 로미나도 기다리고 있을 테니까. 엘리자베스 아주머니와 로미나가 마당에서 기다리고 있었다.

나:　　“Hi” (안녕!)

로미나: “Holla, como estas?”

　　　　(Hi, how are you?)

로미나

만나자마자 로미나가 양 볼에 가볍게 뽀뽀를 하는 그런 인사를 한다. 아, 뻘쭘!! 로미나가 너무 예뻐서 살짝 굳었다. 난 서양식 인사가 참 좋다. 서로의 볼에 빰을 맞대며 살짝 가볍게 키스를 하는 정겨운 인사가 참 좋다.

　그렇게 인사 한번 하고 나면 급 친해지는 기분이다. 서로 인사를 나누고 가벼운 대화를 시작했다. 사실 영어공부를 하러 모인 자리라기보다는 친목 도모 정도의 자리였다. 엘리자베스 아줌마가 아이스크림을 가져온다. 한 숟갈 입에 물고 "싸부로쏘(맛있다)."라고 말하면 함께 웃는다. 가벼운 대화 몇 마디와 간식. 그렇게 서로를 알아가고 또 하나의 잊지 못할 추억이 만들어진다.

　즐거웠던 두 시간이 훌쩍 지나고 일터로 갈 시간이 다가온다. 정말 아쉽다. 아쉬움을 말로 표현을 할 수가 없다. 평생 이 친구들이랑 여기서 영어공부를 하고 싶지만 어쩔 수 없이 가방을 둘러메고 가려 하는데 로미나가 "Don't forget this."라고 말한 후 양 볼에 가볍게 키스를 한다. 아, 뻘쯤!! 로미나가 너무 예뻐서 또 살짝 굳었다. 이번엔 나도 가볍게 뽀뽀를 해줬는데 볼이 마치 아기 피부 같다. 아 대~~박. 난 서양식 인사가 참 좋다. 맨날 이렇게 인사만 하고 살았으면 좋겠다. 그날 일터로 가는 발걸음이 어찌나 무겁던지, 빨리 다음날 학원에 가서 로미나랑 인사하고 싶은 마음만 간절했다.

이곳 사람들은 한국 사람의 기준으로 볼 때, 심하게 게으르다. 내가 사장이었다면 속이 부글부글 끓었을 것이다. 요리사는 요리만 하고 배달의 기수는 배달만 하고 카운터매니저는 카운터만 본다. 매니저가 있으면 가끔 청소 등 다른 일도 하는 시늉을 하지만 그때뿐이다.

이런 꼴을 가만히 보고 있지 못하는 성격이라 나라도 움직여야 했다. 열심히 해야 한다는 생각은 당연했고, 한국에서 자라며 몸에 밴 특유의 빠릿빠릿함이 도움이 많이 되었다. 시간이 날 때는 남들이 하지 않는 일, 예를 들면 프렌치프라이준비, 소스준비, 바닥청소, 테이블 정리, 고작 이런 일들을 조금 더 할 뿐인데 이 때문에 매니저로부터 최고의 신임을 얻게 되었다. 나의 별명 하나 '윙킹(Wing King)'. Wing Zone(상점 이름)의 왕이라는 뜻이다.

나는 여기서 불리는 이름이 많다. 조조, 초초, 쪼쪼, 존, 조, 숀, 윙킹, 슨희, 생희, 이게 다 내 이름이다. 아무리 작은 일이라도 그것에 최선을 다하는 것. 그것 때문인지 이곳에서 오래 일한 배달의 기수 루이도 아직 카운터의 돈을 만지지 못하는데 나는 그곳에 손을 댈 수 있는 허락을 받았다.

카운터 옆에 있는 팁(Tip) 박스의 돈은 내가 일하는 시간엔 나에게 다

챙겨준다. 다른 함께 일하는 친구들이 그렇게 동의를 해주었다. 혼자서 이런 여행을 하는 내가 내심 부러우면서도 조금이나마 도움이 되고 싶다고 한다. 고마운 친구들. 참 감동이었다.

또다시 돌아온 즐거운 주급 받는 날. 주급을 받고 들뜬 마음으로 집으로 간다. 긍정적인 마음으로 무슨 일이든 열심히! 간단한 듯하면서도 이것이 정답이다.

플로리다에서의 일상 1

저녁시간 링컨로드에서

일요일.

아침에 일어나 교회도 가고, 장도 보고, DVD를 보다 잠이 들고, 일요일이다. 잡지를 읽다가 문득 친구들이 생각나서 전화했다. 이곳에서 아는 유일한 3명의 한국 친구들.

나   "오늘 너희 일 끝나면 같이 영어 공부하자."
세리: "그럼 우리 일 6시에 끝나니까 우리 집에서 밥 먹고 같이 공부하자. 우리 오늘 비빔밥 먹을 거야."

비빔밥이란다. 횡재했다! 이날 저녁, 고추장에 열무김치와 참기름을 넣고 밥에 쓱쓱 비벼서 계란국을 곁들여 먹었다. 참 고마운 친구들. 미국에서 비빔밥을 먹을 거라곤 상상도 못했는데……. 한인 타운이 어딘지도 모르는 나에겐 비빔밥은 당연히 생각지도 못할 못 먹는 음식이었다. 디저트로 커피는 내가 샀다. 링컨 로드 테이블에 앉아 지나다니는 사람들을 보며, 높이 솟은 야자수 나무 사이로 비치는 달을 보며, 일상의 소소한 대화를 나누며, 공부는 하지 않으며, 그날 밤은 그렇게 흘러갔다.

이곳 사람들이 이성을 볼 때 가장 먼저 보는 부위는?

TV쇼를 보다 보면 가끔 재밌는 질문이 나온다. "이성을 볼 땐 어디부터 보나요?" 그러면 연예인들은 재미있는 경험담과 함께 대화를 이어간다. 눈, 가슴, 엉덩이, 키, 그리고 나선 그 사람의 성격, 됨됨이가 가장 중요하다는 결론을 맺곤 한다.

여러분은 어디부터 보나요? 여기, 마이애미는 참 재밌다. 여성이 남성을 보는 기준은 알 수 없지만, 남성이 여성을 볼 때는 거의 엉덩이→가슴→얼굴 또는 가슴→엉덩이→얼굴 순서이다. 여자가 걸어오면 남성들의 시선이 그녀의 가슴으로 몰리고 그 여자가 남성들을 지나쳐 뒷모습을 보이게 되면 모든 남성의 시선은 엉덩이로 쏠린다. 그리고 나선 말한다. "She's Hot~!!."

내가 일하는 Wing zone. 쉬는 시간에 가게 앞에 앉아있으면 여자들이 길거리를 활보하곤 하는데 Hot한 여자들이 걸어가면 휘파람을 분다. 배달의 기수 제임스가 특히 심하다. 여자들은 이를 아랑곳하지 않고 즐기는 것처럼 보인다. 참 새로운 풍경이었다. 절대 힐끔힐끔 보지 않는다. 떳떳하게 여자가 지나가면 고개도 함께 돌려지며 윙크도 한다. 그렇다고 해서 이곳 사람들이 다 성적으로 문란하다고 생각하는 건 오류가 있겠지만 한 가지 확실한 사실은 동, 서양을 막론하고, 순진한 척을 하건 말건, 나이가 많건 적건, 남자는 다 늑대이다.

플로리다에서의 일상 3

플로리다. 여기가 북미야? 남미야?

Espanola way.

거리 이름부터 남미 분위기를 물씬 풍긴다. 지리상 남미와 가까운 탓에 남미사람들이 많다. 영어를 사용하는 인구보다 스페인어를 사용하는 인구가 더 많을 정도이다. 쿠바, 푸에르토리코, 브라질, 멕시코, 그리고 센트럴아메리카에 속하는 과테말라 등등. 이곳에서 만난 많은 친구의 국적도 다들 제각각이다. 이곳에선 그 흔하다는 중국인조차 찾아볼 수가 없다. 관광객들을 제외하고는 다 남미에서 온 사람들처럼 보인다. 레스토랑이 즐비한 길거리에 들어서면 마치 스페인에 와 있는 듯하다.(스페인에 가 본 적은 없는데, 왠지 그렇다.)

거리도 깨끗하고, 이국적이고, 날씨마저 끝내준다. 스페인어를 할 줄 안다면 이곳에서 살아가는 데는 아무 지장이 없다. 날씨가 더워서일까?

옷차림도 참 가볍다. 살이 찌건, 몸매가 좋건, 남의 눈 의식 하지 않고 자신만 편하면 되는 것 같다. 그게 참 좋다.

Espanola way

　내 주위에도 굵은 다리를 가진 사람들이 짧은 치마를 입고 다니면 욕하는 사람이 몇몇 있는데, 그게 잘못된 거다. 그런 욕하는 사람들은 배로 욕을 먹어도 싸다. 그게 어때서? TV에는 늘씬하고 예쁘고 잘생기고 몸짱인 사람들이 넘쳐난다. 그리고 그들처럼 보이고 싶은 마음 충분히 이해한다. 이런 사람도 있고 저런 사람도 있고, 대수롭지 않게 생각한다면 자신을 혹사하면서 다이어트니 뭐니 하지 않고도 건강하고 유쾌하게 지낼 수 있을 텐데 그들과 겉모습만 똑같아지려고 노력하는 것이 안타깝다.

결국, 외모지상주의만 팽배하고 지금은 성괴(성형괴물)이라는 신조어도 등장했다. 책 "88만 원 세대" 서론에서 말했듯이 외모만 그럴싸하고 기본적인 사회적 이슈에 대해선 아무것도 모르는 젊은이들도 참 많다. 모든 사람이 다들 똑같이 생기면 그게 이상할 것이다. 남의 시선을 아랑곳하지 않는 것이 먼저일까? 남의 외모를 평가하지 않는 것이 먼저일까? 닭이 먼저인가 달걀이 먼저인가…….

남의 시선에 너무 연연해서 불필요한 에너지를 소비하는 것이 안타까울 뿐이다. 길거리 지나다니는 사람들 보다가 생각이 너무 많아졌다.

플로리다에서의 일상 4

마이애미 사우스 비치(Miami South Beach)에 위치한 링컨 로드(Lincoln Road).

이곳은 차가 다닐 수 없는 거리로, 온갖 행사나 축제가 있을 때면 사람들은 전부 이곳으로 몰려나온다.

여기는 내가 주말마다 출석했던 교회. 전부 다 알아들을 순 없었지만, 마음의 평화는 찾았던 곳. 그래도 'Amen(아멘)' 할 타이밍은 놓치지 않았다. 링컨 로드에서 주로 파는 것은 과일과 음식. 옷가게도 많고 대형 영화관도 있다. 그리고 곧 다가올 할로윈 파티를 위한 코스튬을 전문적으로 파는 가게도 있다.

링컨 로드의 피에로

길에서는 간간이 작은 공연도 보인다. 지나가는 사람을 조롱하기도 하고, 아기자기한 퍼포먼스를 보여주는 거리의 피에로. 활기찬 마이애미의 거리는 이런 소소한 일들로 웃음까지 더해진다.

마이애미 밤거리

　미국은 안전한가? 위험한가? 그 전에 그러면, 한국은 안전한가? 신창원도 있고, 유영철도 있고, 강호순도 있고, 요즘은 아동 성폭행이 큰 이슈이고, 북한은 틈만 나면 도발하려고 하고. 위험하다는 기준은 지역마다 다르고, 개인이 느끼는 정도에 따라 다르다. 이러한 위험에 대한 걱정이 여행에 대한 욕구를 감소시키기도 한다. 나도 옆 동네에 가면 그 동네 학생들에게 해코지를 당할까 봐 얼씬도 못하던 시절이 있었다.

　이곳 마이애미비치는 지역 특성상 너무나 안전하다. 거리엔 24시간 관광객들이 많이 돌아다니기 때문에 새벽에 혼자 돌아다녀도 별다른 사고는 일어나지 않는다 라고 믿고 있었는데, 별로 유쾌하지 않은 일이 생겼다.

금요일. 야간 아르바이트를 마친 새벽 4시경, 집으로 돌아가는 길은 클럽이나 바에서 나온 술 취한 남녀들로 가득하다. MP3 플레이어를 목에 걸고 앞으로 걸어가고 있는데 외국인 남자 3명이 다가왔고 그 중 한 명이 나에게 뭐라고 말을 걸며 다가온다. 귀에서 이어폰을 빼고 "Yeah?" 하고 말하니 내 목에 걸려있던 MP3 플레이어를 낚아챈다. 자신이 그 MP3 플레이어를 갖고 싶다고 달라고 한다. MP3 플레이어에 달려 있던 목줄이 떨어져 나가고, 순간 욱했다. 그 사람을 뒤로 살짝 밀치고 내 MP3 플레이어를 다시 뺏어왔다. 내 싸구려 MP3 플레이어를 정말 가지고 싶은 것처럼 보이지도 않았고, 그냥 지나가는 동양인 행인에게 시비 한번 걸고 싶었던 것처럼 보였다. 그리곤 그 취객이 나에게 이런 말을 한다.

"You wanna hit me? Hit me!!"
(때리고 싶어? 때리고 싶어? 그럼 때려!)
다른 두 명은 그 친구를 말리고 나는 나름 침착하게 이야기했다.
"Hey, wait a second. I'm gonna call the police."
(조금만 기다려, 경찰 부를 거니까.)
"Why? Are you scared? Why are you calling the police?"

(왜? 무서워? 경찰을 왜 불러?)

무시하고 주머니에서 휴대폰을 꺼내 911을 눌렀다. 경찰서는 걸어서 2분 거리였다. 신호음이 울리고 여자 경찰이 전화를 받는다.

나: "Hi, here's 9th street Washington Ave and one guy is trying to……."

(안녕하세요, 여기 9번 도로 워싱턴가인데요. 어떤 남자애가…….)

경찰   "Take it easy, 9th street Washington?"

(진정하시고, 9번도로 워싱턴가라고 했나요?)

나   "Yes, one guy is trying to attack me, I was just waking down……."

(예. 전 그냥 걸어가는데 어떤 사람이 시비 걸어요.)

미국 경찰이 파워가 세긴 센가 보다. 통화 도중에 그의 친구들이 의리 없이 자기들끼리만 도망을 가버렸다. 나에게 시비를 건 사람도 도망가려고 하길래 티셔츠 뒷덜미를 잡고 계속 통화를 했다. 취객은 계속 도망가려고 하고, 티셔츠 목은 늘어나고, 주위 사람들은 재밌다는 듯 구경을 한다. 결국, 그 사람은 도망갔지만, 덕분에 참 좋지 않은 경험을 했다. 그 짧았던 순간에 수만 가지 생각이 교차한다. '세 명이 동시에 달려들면 어떡하지?……. 난 그래도 대한민국 육군 병장 출신인데……. 한 놈만 때리자……. 난 불법으로 일하고 있는데……. 경찰이 오면 나도 불리한데…….'

결국 MP3 플레이어도 되찾고 아무 일도 일어나지 않아 다행이다. 흉기라도 들고 있었더라면 어떻게 됐을까? 오늘 배운 한가지. 금요일, 토요일 밤 파티를 마치고 클럽 밖으로 나온 사람들은 살짝 미쳐있다. 그 사람들이 말을 걸건 뭘 하던지 앞만 보고 걸어갈 것. 지금 돌아보면 그것도 여행 중 얻은 하나의 추억에 불과하다.

마이애미에서, 할로윈 파티 Haloween Party

할로윈 데이다. 미국의 큰 파티문화를 체험할 수 있는 좋은 날. 또다시 오기 어려운 이런 기회를 놓칠 순 없지. 아침에 일어나 할로윈 의상을 구입하러 상점에 들렀는데 이미 많은 사람이 문 밖에 줄을 서 있다. 기다리는 줄만 40분. 결국, 내 순서가 왔고 전날 봐두었던 닌자 의상을 구입했다. 한국을 나타낼 수 있는 의상이었으면 더 좋았을 텐데, 동양 의상은 일본과 중국 것밖에 없어서 할 수 없이 가까운 나라 일본의 닌자 의상을 선택했다. Kids' costume 50% OFF! 어린이 의상은 50% 할인이다. 내가 고른 의상은 원래 $29.99인데 반값을 냈다. '어라? 아이들 것만 50%가 아니네?' 하며 기분 좋게 닌자 의상을 구입. 집에 와서 포장을

뜯고 입어보았다. 포장지엔 분명 성인 닌자가 있었는데 입어보니 어린이용이다. 사진 속의 닌자는 긴 팔을 입고 있는데 내가 입으니 배꼽티에 반팔이다. 속에 검은 티셔츠를 입으니 그나마 봐줄 만했다.

그날 저녁. 일을 마친 후 파티를 하러 학원으로 간다. 양손엔 치킨과 음료를 들고 스케이트보드를 타고 닌자 의상을 입고 옆구리엔 칼을 차고 거리를 달린다. 차를 타고 도로를 지나가며 누군가 "I like the skateboarding Ninza!" 라고 외친다. 고개 한번 치켜 들어줬다.

학원 친구들과 할로윈 파티

한국인 친구들도 합세

학원은 이미 파티장이 되어있다. 괴물도 있고, Miss Universe도 있고, 간호사도 있고, 꿀벌도 있고, 드라큘라, 바보, 시체, 엘비스 프레슬리도 있다. 각자 가져온 음식도 나눠 먹고, 음악에 맞추어 춤도 춘다. 어느새 학원은 사람들로 가득 찼고 함께 춤추고, 마시고, 즐거운 시간을 보낸다. 라틴 처녀가 살사를 가르쳐주어서 함께 살사도 추고 음악은 끝날 줄을 모른다. 이번엔 힙합 음악이 흘러나온다. 고등학교 때

막춤을 췄던 실력이 있어서 한번 해봤다. 의도하진 않았는데 나만 무대에 있고 사람들은 나를 위해 다 물러나서 환호한다.

할로윈 밤거리

밤 12시. 다 함께 거리로 나간다. 마이애미비치의 링컨 로드(Lincoln Road)는 너무나 다양한 의상의 너무나 많은 사람으로 가득 찼다.

남자라니!

이날은 모든 사람이 어린이가 된다. 각자 좋아하는 영화나 만화의 주인공이 될 수 있는 날이다. 처음 즐기는 할로윈 파티, '정말 내가 여행을 제대로 하고 있구나.' 하고 생각하게끔 만들어 주었다. 때는 2008년. 내 나이 24살. 4살로 돌아간 기분이었다.

NEW YORK
USA
MIAMI
BOSTON
Good Bye Miami,
Welcome to
New York City!

MIAMI

잘 있어, 마이애미! 기다려, 뉴욕!

이제 얼마 후면 뉴욕으로 떠난다. 마이애미에서의 두 달간의 즐거웠던 추억들을 뒤로한 채 떠나야 할 시간이 다가오고 있다. 함께 일하는 친구들에게도 미리 작별 인사를 했다. 아쉬워하면서도 행운을 빌어주는 그 눈빛들.

두 달 동안 많은 정이 들었나 보다. 함께 나눈 짧지만 긴 시간은 영원히 잊지 못할 것이다. 마지막 주급을 주며 매니저가 말을 한다. 뉴욕에서 지내다가 힘들면 다시 오라고, 오면 시급 1불 더 올려주겠다고, 꼭 연락하며 지내자고, 그렇게 이별을 준비해 간다.

학원친구들이 바에서 작은 송별회를 열어주었다. 함께 포켓볼도 치고 음악에 맞춰 춤도 추고, 그렇게 학원친구들과 마지막 인사를 나누며 아쉬움을 나눈다. 마이애미를 떠나기 전에 들려줄 이야기가 있다. 토니의 집에 두 달간 머무는 동안 세 명의 다른 하우스메이트들도 잠시 머문

머물던 아파트

쫓겨난 아저씨들

적이 있다. 그들은 주로 쫓겨났는데 이유는 방값을 내지 못해서이다. 토니가 나에게 가끔 이런 얘기를 했다.

토니: "저 사람은 게이야."
나: "헉! 진짜요?"

지금은 인식이 많이 바뀌어 게이에 대한 거부감이 없지만, 그 당시엔 그게 잘못된 줄 알고 그냥 피했었다. 믿거나 말거나, 참 순수했다. 지금은 게이를 단방에 알아볼 수 있지만, 그 당시는 몰라도 너무 몰랐다. 마이애미를 떠나기 약 3주 전부터 마이크라는 젊은 친구도 함께 하우스를 쉐어하게 되었다. 뉴욕으로 떠나기 이틀 전, 함께 해변에서 운동하던 중 그 친구가 깜짝 놀랄만한 말을 해주었다.

"No one's gay. Only Tony's gay."
(아무도 게이가 아니야. 토니만 게이야.)

그때 깨달았다. 토니의 눈빛과 분위기 모든 게 맞아떨어졌다. 토니가 게이였다는 사실을 안 그날, 집에서 낮잠을 자고 있는데 토니가 내 볼에 뽀뽀하고 도망을 갔다. 나는 "으악~~~~!!!" 비명을 지르며 일어났고, 잠시 후 토니가 날 더러 집에서 나가란다. 여행 막바지에 이런 일이 생기다니. 이것도 여행의 일부인 걸, 어쩔 수 없다. 그날 세리에게 전화했다.

나:　　"나 쫓겨났는데 뉴욕 갈 때까지만 좀 재워주면 안 돼?"

세리:　"ㅋㅋㅋㅋ 왜?"

나:　　"이따가 얘기해줄게."

세리네는 여자만 셋이 사는 집이었지만 흔쾌히 허락해주었다. 이래서 평소에 잘해야 한다.

익숙함을 뒤로하고, 이제는 떠나갈 시간

미나 누나

환송회 음식들

떠나기 전날. 이야기에 갑자기 등장해야 하는 미나 누나. South Beach Language Center에서 만난 또 한 명의 한국인인데, 혼자서 여행하는 내가 안쓰러웠는지 반찬도 갖다 주고, 가끔 집에 초대해 이런저런 음식도 해준 고마운 누나이다. 지금은 한국인 교포와 결혼해 하와이에서 즐거운 결혼생활을 하고 있다. 고마운 미나 누나 가족이 차려준 환송회 음식들.

어디서 재료를 구했는지 밥, 잡채, 돈가스, 김치, 없는 게 없었다. 정말 오랜만에 먹어보는 한국 음식이 고향에 대한 그리움을 어느 정도 잊을 수 있게 해주었다. 너무나 따뜻하고 감사하다. 식사를 마친 후 마를린이 이야기한다.

(손으로 볼을 가리키며) "Cho, Kiss me~"
마를린 뺨에 뽀뽀하고 나도 이야기한다.
"Hey, Marlin. Kiss me"
난 여기 문화가 참 좋다.

친구들과 가끔 경찰 몰래 치킨에 맥주를 마셨던 마이애미비치 밤바다에 작별인사를 한다. 너무나 고마운 사람들. 여행이 안겨주는 가장 큰 선물이다. 마이애미에서의 모든 아름다운, 그리고 별로 유쾌하지 않은 경험들을 간직한 채, 또 다른 도전을 위해 뉴욕으로 간다. 세계에서 가장 큰 도시 중의 하나인 뉴욕, 벌써부터 설렌다. 뉴욕에서도 마이애미에서 했던 것처럼 일을 구한 후 여행을 다닐 것이다. 고기도 먹어본 놈이 먹는다고 이미 자신감은 극에 달했다.

다음날 새벽, 예약해 두었던 공항 택시로 비행기를 타러 간다.
이젠, New York이다!

약 5시간 비행 끝에 비행기가 착륙하고, 뉴욕 공항 밖으로 한 걸음을
내디뎠다. 난 지금 뉴욕에 와있다. 미국여행 한번 해보겠다고 한국에서

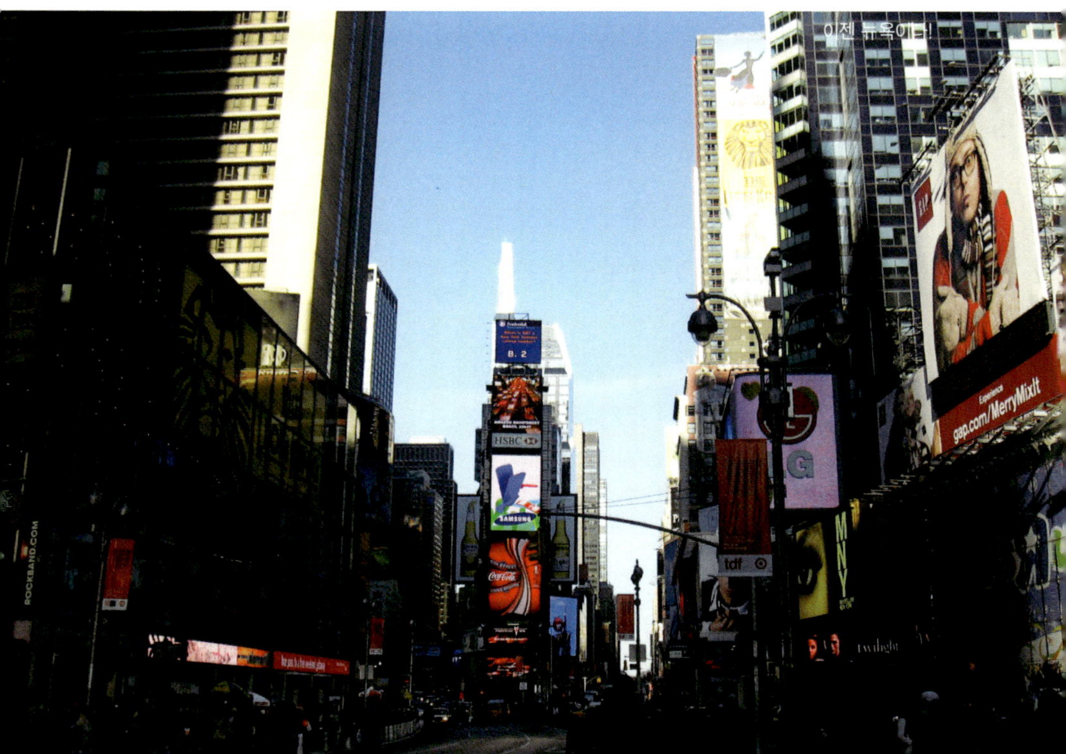

막노동과 과외를 하며 돈을 벌던 때가 엊그제 같은데 플로리다에서의 두 달간의 여행을 마치고 지금은 뉴욕에 와 있다. 뭔가 대단한 일을 한 것 같은 기분이 들면서 막 자신감이 솟구친다. 짐도 그동안 조금 늘어서 가방이 바뀌었다. 마이애미에 있는 한 잡화점에서 산 가방인데 한국산 군용가방이다. 아직도 이 제품이 어떻게 거기에 있었는지 궁금하다.

공항 밖을 나서니 찬 바람이 재킷을 뚫고 들어온다. 청바지를 뚫고 차가운 초겨울바람이 들어온다.

서울에서 알고 지내던 친구도 마침 이 기간에 뉴욕여행 중이라 맨해튼에서 만나기로 약속을 잡았다.

공항버스를 타고 맨해튼으로 간다. 뉴욕이다. 거리엔 우뚝우뚝 솟은 빌딩들로 가득 차 있고 노란 택시들, 정신 없이 걷는 사람들로 시내는 가득 차 있다.

유명한 장소 중 하나인 매디슨스퀘어가든 앞에서 친구를 기다리다가 시간도 조금 남아있고, 현금 뭉치를 들고 다니기엔 위험하다는 생각이 들어서 옆에 보이는 Bank of America에 들어갔다. 800불 중 300불을 ATM기로 입금을 했는데 영수증엔 입금 내용이 없고 여전히 잔액은 $219이다. 내 피 같은 300불이 어디론가 증발해버렸다.

현금을 넣어서 입금하는 방식과 현금을 봉투에 넣어서 입금하는 방식이다. 방식이 다 같은 줄 알고 있던 나는 300불 지폐를 그대로 ATM에 넣었는데 덕분에 고스란히 사라져버렸다. 하지만 은행을 믿었기에 '뭐 다음날 가서 달라고 하면 찾아서 주겠지.' 하며 대수롭지 않게 여겼다. 나의 장점이라면 장점이다. 뭐든 대수롭지 않게 생각하는 것.

ATM 앞에서 얼쩡거리다 다시 약속장소로 가니 친구가 기다리고 있다. 길도 모르고 아무것도 모르는 상태에서 만난 친구는 사막의 오아시스와도 같았다. 민박집으로 가기 전, 한인타운에 있는 음식점에 들러 한국 음식을 먹는다. 이럴 수가, 여기는 한국사람들이 엄청 많다.

뉴저지(New Jersey)에 위치한 민박집에 도착했다. 친구가 미리 예약해 놓은 한인이 운영하는 게스트 하우스인데, 3층짜리 건물에 방이 여러 개 있다. 방값으로 300불을 내고 11일 동안을 머물게 됐다. 전 재산 800불 중의 300불은 증발하고, 300불은 방값 내고, 약 45불은 지하철 패스 구입, 공항버스 15불, 지금 수중엔 120불 정도가 남았다.(한화로 12만 원 정도)

돈이 없는데 걱정이 하나도 없다. 금방 또 아르바이트를 구할 거기 때문에. 어디서 이런 근거 없는 자신감이 오는 걸까? 간단하다. 될 거라고 생각하면 된다. 처음부터 '그게 될까?' 하며 의심하고 시도조차 하지 않는다면, 할 수 있는 일은 그리 많지 않다. 긍정적으로 생각하고 실행하면 꾸역꾸역 목적지에 도달하게 되더라. 죽으란 법은 없으니까. 내일 아침엔 일찍 일어나 일자리 구하러 맨해튼에 나가봐야겠다. 마이애미에서 쓰던 휴대폰은 뉴욕에서 쓸 수가 없어서 휴대폰도 새로 장만해야 한다. 여기는 뉴욕이다.

ROCK BAND 2
ROCKBAND.COM
HSBC
Coca-Cola
SAMS

NEW YORK
USA
MIAMI
BOSTON
뉴욕정착 세팅하기

NEW YORK

이른 아침, 친구가 피곤함에 지쳐 잠들어있는 사이, 세탁소에 가서 빨래를 돌려놓고 뉴저지(Jew Jersey) 이곳저곳을 둘러보았다. 길거리에 교회가 보여 들어가 기도도 하고, 얼마 없는 돈에서 헌금도 했다.

빨래가 다 되었을 무렵 빨래방으로 돌아가 정리를 하고, 일자리도 구할 겸 구경도 할 겸 맨해튼으로 나간다. 마치 거대한 서울을 보는 듯한 느낌이다. 사람과 차는 북적북적 하지만 어느 상점에도 마이애미에서처럼 아르바이트를 구한다는 'Help wanted' 혹은 'Now hiring'이란 문구가 붙어있지 않다. 그렇게 여기저기 맨해튼 거리를 서성이다가 레스토랑이 밀집해 있는 거리를 발견. 마이애미에서 했던 것처럼 무작정 보이는 가게마다 들어갔다. 들어가는 가게마다 다 퇴짜를 맞았다. 돌아다니다 지칠 때까지 퇴짜를 맞았다.

뉴욕경기 세계 제2차 대전 후 최악. 2008년 12월. 세계 경기가 말이 아니다. 미국발 금융위기 때문에 전 세계적으로 경제성장은 하락을 보이고 일자리는 하루에도 수천 개씩 없어진다. 종일 일자리를 구하려고 돌아다녔는데 돌아오는 대답은 전부 지금은 바쁜 시즌이 아녀서 사람을 구할 수 없다는 대답뿐이다. 몇 군데는 전화번호를 남기고 오긴 했지만, 전화가 올 것 같지는 않다. 돌아다니다 지쳐 서점에 들어와 잠시 앉아있는데 너무 피곤하다. 마음도 몸도 피곤하지만 벌써 지치긴 이르지! 아직 포기하긴 이르다. 만화 슬램덩크에 나오는 좋아하는 대사가 하나 있다.

"난, 포기를 모르는 남자니까!!"

Delta Plans More Capacity Cuts as Travel Slows

By REUTERS
Published: December 2, 2008

Delta Air Lines, which bought a rival carrier, downsized and cut 2,000 jobs this year, said Tuesday that it would trim 6 to 8 percent of its capacity in 2009 as travel demand wanes.

Add to Portfolio

Delta Air Lines Inc

Go to your Portfolio »

The latest round of cuts extends a trend among American carriers fighting for profits as economic recession across the world erodes travel budgets.

SIGN IN TO E-MAIL OR SAVE THIS

PRINT

REPRINTS

SHARE

ARTICLE TOOLS SPONSORED BY

THE WRESTLER
2 ACADEMY AWARD NOMINEES

"Obviously it's soft," Delta's president, Edward H. Bastian, said at an investor presentation, referring to the outlook for demand.

델타항공, 운행 감소에 따라 수용량 축소 결정(2008. 12. 2).
올해 2,000개의 일자리가 줄어든 델타항공은 여행 수요가 감소함에 따라 2009년에는 항공 수용량을 6~8% 축소할 것이라고 발표했다.

Bank of America to Cut 35,000 Jobs Over 3 Years

By MICHAEL J. de la MERCED
Published: December 11, 2008

Bank of America said on Thursday that it planned to cut 30,000 to 35,000 positions — among the largest layoffs ever — over the next three years as it digests its acquisition of Merrill Lynch. That could amount to more than 11 percent of the combined firms' global work force of 308,000.

Related

Bank of America News Release

Add to Portfolio

Bank of America Corp

Combining two firms as large as Bank of America and Merrill often involves eliminating duplicate jobs. Both have significant overlap in areas like research and investment banking.

Bank of America, 3년 동안 일자리 35,000개 축소(2008. 11. 12).

Bank of America는 앞으로 약 3만 개에서 3만 5천여 개의 일자리를 축소할 것이라고 발표하였다.

Alcatel-Lucent Plans 1,000 Job Cuts

By KEVIN J. O'BRIEN
Published: December 12, 2008

Alcatel-Lucent, the struggling telecommunications equipment maker, said Friday that it would cut 1,000 jobs as part of a plan announced by its new chief executive to save 750 million euros, or $991 million.

The job cuts will affect 1.3 percent of Alcatel-Lucent's 77,000 global work force, disappointing some analysts who had been expecting a more fundamental reorganization from Ben Verwaayen, a former chief executive of the BT Group who took the helm of Alcatel-Lucent in September.

In addition to the 1,000 cuts, the company will trim 5,000 contract workers.

Shares of Alcatel-Lucent fell 9.6 percent in early Paris trading.

Alcatel-Lucent, 1,000개 일자리 축소 계획(2008년 12월 12일).

어려움을 겪고 있는 통신장비 생산업체 Altatel-Lucent는 7억 5천 만 유로, 즉 9억 9천
백만 달러를 절감하기로 한 CEO의 결정에 따라 1,000개의 일자리를 줄일 것이라고 발
표했다.

3M Cuts 1,800 Jobs and Lowers Forecast

By THE ASSOCIATED PRESS
Published: December 8, 2008

SIGN IN TO E-MAIL
OR SAVE THIS

PRINT

REPRINTS

SHARE

ARTICLE TOOLS
SPONSORED BY

The 3M Company, which makes everything from Post-it Notes to
Scotch Tape, lowered its 2008 earnings outlook on Monday. It also
said its 2009 profit would fall below Wall Street expectations because
of slowing revenue in the weakening economy.

The company said it would cut nearly 1,800 positions in the fourth
quarter, mainly in the United States, Western Europe and Japan. The
cuts are expected to save $170 million in 2009, and are in addition to
the 1,000 jobs eliminated in the third quarter ended Sept. 30.

The shares of 3M were down $2.47, or 4.13 percent, to $57.38 even as the broader
markets surged.

3M, 일자리 1,800개 축소. 내년 기대 전망치를 낮춤(2008. 12. 8).

포스트잇에서 스카치테이프 등 모든 학용품을 생산하는 3M은 2008년 기대수입 전망
을 낮추었다. 그리고 2009년 수입은 경기악화로 인해 월스트릿의 기대전망치보다 낮
을 것이라고 발표했다.

당시 뉴스에선 '미국경제가 바닥을 찍었다, 아직 바닥이 아니다'라는
기사 들이 무성했다. 이래서 일자리나 제대로 구할 수 있을까. 길거리에
나앉는 거 아닌지 모르겠다. 물론 한국의 부모님께 손을 벌릴 수도 있지

만 그렇게 하면 내 여행은 거기서 실패다.

죽으란 법은 없다, 뉴욕에서 일자리 구하기

2009년 12월. 세계 경제 불황.

급한 대로 한국 커뮤니티에 들어가서 아르바이트를 알아보았다. 편의점, 한국 레스토랑 등 구인구직란엔 비교적 많은 일자리가 있었다. 그 중 맨해튼에 있는 한인이 운영하는 한 편의점에 전화를 걸었다.

면접을 보러 오라고 한다.

버스를 타고, 지하철을 타고 편의점에 가니 말이 편의점이지 엄청 바빠 보였다. 카운터에 줄 선 손님만 10여 명, 그 줄은 좀처럼 줄지 않고 일하는 학생들의 계산하는 속도는 엄청 빠르다. 때는 2009년이었지만 바코드를 찍는 기계가 아니라 손으로 가격을 하나하나 키보드로 입력해서 계산하고 있었다. 가격도 외워야 한다는 이야기였다. 전화로 통화했던 사람은 약간 험상궂게 생긴 한국인 여사장이었다. 사장에게 자초지종을 얘기했다.

“저는 여기 학생들처럼 학생 비자를 가지고 있지도 않고 뉴욕에는 2 달 정도만 머물 예정입니다. 혼자 여행을 하는 중인데 부모님에게 손 벌 리긴 싫고 혼자 끝까지 마무리하고 싶습니다.”

편의점 사장은 조금 어이없어했다. 영어로 면접을 본 후 잠시 생각을 하더니 오늘 야간부터 나올 수 있냐고 한다. 아르바이트를 단기간 할 사람을 구하는 곳은 어디에도 없다며, 야간에 일할 다른 사람이 구해질 때까지 약 2주 정도 해보라고 했다. 밤 10시부터 다음날 8시까지. 하루 100불씩 준다고 한다. 이렇게 고마울 수가. 뉴욕에 도착한 지 이틀 만에 카리스마 있는 여사장 덕에 일자리를 구하게 되었다. 2주 정도 일하면 약 100만 원 정도가 생기기도 했고, 조금만 부지런하면 낮엔 여기저기 뉴욕 구경도 할 수 있다.

 인터넷 이용하기

‘크싸니’ 라고 불리는 이 한인 인터넷 커뮤니티는 구인구직, 부동산, 한인뉴스, 그밖의 다양한 생활 팁들로 구성되어 있는데 이 사이트는 뉴욕생활 필수품 중 하나이다. 뉴욕 에서 생활하면서 긴급 상황이 발생했을 때 이곳의 ‘멘토링’ 서비스를 이용하면 적절한 해결방법을 찾을 수 있다. (http://www.heykorean.com)

다시 여행을 시작할 수 있게 되었다. 뉴욕. 낯선 이국 땅이지만 익숙 한 느낌이다. 예를 들자면 한국의 어느 지방에 살다가 서울에 놀러 온 느낌이랄까. 생각이 너무 많아져 머릿속이 복잡해지기 전에 실행한다면 의외로 할 수 있는 일은 많다는 것을 몸소 느낀다.

미국에서 은행 계좌 개설하기

Bank of America

Bank of America에 가서 증발해 버린 내 300불을 찾아달라고 했다. 은행 직원은 이것저것 체크를 하더니 별일 아니라는 듯 내일이면 300불이 내 계좌로 들어올 테니 걱정하지 말라고 웃으며 이야기한다. 괜히 걱정하며 발만 동동 구를 필요 없었다.

TIP 은행수수료 내지 않는 방법

미국 ATM 기계로 한국 계좌의 돈을 인출하려면 약 $3.00의 수수료를 내야 한다. 고환율 시대 1엔 수수료만 5,000원 이상 나간다고 생각하면 엄청난 돈이 아닐 수 없다. 그럴 바엔 차라리 이곳 은행의 계좌를 만들어 사용하는 것이 훨씬 경제적이다. 나 같은 단기 여행자에게도 계좌를 개설해주니 조금 귀찮더라도 한 시간 정도 투자해서 계좌를 만들고 한국에서 보낸 돈을 외국계좌에 넣어놓고 필요할 때마다 인출하거나 체크카드로 물건을 구입하도록 하자.(주말, 혹은 영업시간 후에 ATM기를 사용해도 수수료는 붙지 않는다. 단, 같은 은행의 ATM기를 이용해야 함.) 계좌개설에 필요한 것들은 여권과 현재 거주지 주소이다. 주소는 현재 묵고 있는 숙소로 해도 무관하다.

맨해튼 야경

뉴요커 기분을 느끼고 싶다면 이렇게

은행에서 나의 잃어버렸던 돈을 찾고, 일자리도 구한 지금, 여유가 생겨 이를 한껏 즐겨보기로 한다.

오늘은 가난한 여행자의 뉴요커 놀이. 맨해튼 34번가에는 Penn

Station 지하철역이 있는데 그 옆엔 Borders라는 커다란 서점이 하나 있다. 스타벅스처럼 유명한 카페도 많지만 조용한 분위기에 커피 한 잔 마시면서 책을 읽기엔, 그러면서 창 밖으로 지나다니는 사람들을 구경하기엔 이곳만 한 장소가 없다.

나름 뉴요커가 된 것 같은 느낌을 주는 서점. 우리나라의 대형서점들과 비슷하다. 그곳에 앉아 커피를 마시면서 책을 읽으면, 그러면서 창 밖으로 지나다니는 사람들을 내려다보면 마치 내가 뉴요커가 된 듯한 기분이 들기도 한다. TV로만 보던 뉴욕. 정말 대단한 도시임이 틀림없다. 이곳의 사람들. 자신들을 New Yorker라 부르면서, 뉴욕을 너무나도 자랑스럽게 여기는 듯하다. 노래도 있다. 나름 최신곡인 Jay-Z의 'Empire State of Mind'.

In New York
Concrete Jungle Where dreams are made oh~
There's nothing you can't do~

뉴욕을 주제로 한 노래는 수도 없이 많고, 온갖 티셔츠, 모자 등 패션 용품에도 NY 마크가 즐비하다. 뉴욕에 살고 있다는 것에 대한 자부심을 느끼게 하는 도시. 그러한 시민의 자부심이 도시를 더 아름답게 만든다.

이른 오전. 편의점에서 이것저것 인수인계를 받고 야간 아르바이트도 무사히 마쳤다. 집으로 가는 길. 어디서 이 많은 사람이 모여들었는지 아침 8시도 되지 않은 시간, 센트럴파크 주위엔 발 디딜 틈이 없을 정도로 수많은 인파가 몰려들었다. 옆 사람에게 왜 이리 많은 사람이 있는지 물어보니 오늘은 추수감사절(Thanks Giving Day)을 기념하여 거대한 퍼레이드가 있을 예정이라고 한다. 말 그대로 서 있을 자리도 없다. 사진기를 들고 나오지 않은 걸 두고두고 후회하는 중이다.

잠시 퍼레이드를 구경한 후 너무 복잡해지기 전에 집으로 가는 지하철을 탄다. 추수감사절이라니, 아직 뉴욕에 아는 사람은 없지만, 친구와 작은 파티는 해야겠지? 귀갓길에 작은 상점에 들러 칠면조 대신 닭을 한 마리 샀다. 추수감사절(Thanks giving day)엔 칠면조 요리를 먹는다. 이날은 교회에서 무료로 음식도 대접하고 "Happy thanks giving."이라는 말로 인사를 주고받는다.

낮잠을 실컷 자고 일어나니 슬슬 출근 시간이 다가오고 있다. 오전에 장만한 닭 한 마리로 친구와 닭백숙 요리를 해먹었다. 처음 해보는 닭백숙 요리. 한국에서 자취하던 시절 친구와 음식을 해먹곤 했는데 우리들의 요리법은 간단했다.

"돼지고기 사왔는데 어떡하지?"
"물 넣고 끓여."

"닭 사왔는데 어떡하지?"
"물 넣고 끓여."

"감자, 고구마"
"물 넣고 끓여."

"스팸"
"물 넣고 끓여."

괜히 프라이팬에 구우면 주변에 기름도 튀고, 설거지거리도 많아져서 무조건 물 넣고 끓였다. 어쨌든, 뉴욕에서 처음 맞은 추수감사절. 물 넣고, 닭 넣고, 소금 넣고 끓였다. 채소는 없다. 닭 색을 보니 다 익은 것 같다. 접시에 닭을 덜고, 한인 식당에서 구입한 밑반찬들을 식탁에 올려놓고 친구를 부른다.

"오~ 그럴싸하게 보이는데?"

친구는 만족스러운 듯 실실대며 닭을 한입 베어 물었고, 닭에서는 피가 나왔다.

닭은 오래 삶아야 한다.

추수감사절(Thanks giving day)은 매년 11월 마지막 주 목요일이고, 그 다음 날을 Black Friday라고 부른다. 사람들이 추수감사절을 기다리는 이유 중의 하나는 이 Black Friday 때문일지도 모른다. 추수감사절엔 거의 모든 상점이 문을 닫는다. 그리고 그 다음 날, Black Friday엔 거의 모든 상점이 적게는 20%에서 많게는 80%까지 대대적인 할인 판매를 시작한다. 큰 쇼핑몰은 개장 후 3~4시간만 세일을 하기도 하는데 이 때문에 많은 사람이 새벽부터 쇼핑센터 문 앞에 줄을 서 있는다. 그러나 꼭 필요한 것이 없으니, 쇼핑은 그냥 넘어가기로 했다.

뉴욕, 브루클린 브리지라고 생각하고 다닌 나들이

맨해튼 다운타운을 돌아보려고 어제부터 친구와 경로를 탐색했다. 예상 경로는 뉴욕의 명소 중 하나인 브루클린 브리지를 시작해 월 스트리트를 돌아보는 것이다. 브루클린 브리지(Brooklyn Bridge)는 가십걸, 프렌즈, How I Met Your Mother 등의 미드나 많은 영화에 단골로 출연하는 다리이다.

브루클린 브리지에 도착해 다리를 걷는데 왠지 이상하다. 책에서 보았던 사진과는 달리 다리가 전부 철골구조로 이루어져 있다. 푸른색 철근 구조에 기차가 지나다니는 조금은 투박한 다리를 건너면서 '반대쪽 다리가 더 예쁜데?' 하면서 반대쪽 다리를 향해 카메라 셔터를 누른다.

나:　　"야, 여기 브루클린 브리지 맞아?"
친구:　"맞아, 내가 사진에서 본 게 이거야."
나:　　"저쪽 끝에 보이는 다리가 훨씬 예쁘지 않아?"

나중에야 반대쪽 다리가 브루클린 브리지라는 걸 알게 됐을 땐 허탈한 감도 있었지만, 그 덕에 브루클린 브리지 전체 모습을 볼 수 있어 좋았다. 더 가까이에서 보고 싶으면 나중에 또 가면 그만이었다.

빡빡한 일정에 쫓기지 않아도 되는 느긋한 여행. 그 자체가 좋다. 다리를 건너고 나니 차이나타운이 나온다. 아침부터 많이 걸은 탓에 배가 고파 일단 중국음식점으로 들어가고 본다. 다양한 메뉴를 다 한 번씩 먹어보고 싶었지만, 우리에게 가장 이색적으로 보이는 메뉴 3개를 주문시킨다. 음식은 대부분 느끼했지만 나쁘진 않았다. 먹고 나니 별로 이색적이지도 않다. 배를 채운 후 세계 경제의 중심지 월 스트리트로 발걸음을 옮긴다.

그냥 '예쁜 다리다'라고 생각했던 브루클린 브리지

브루클린 브리지라고 생각했던
브루클린 브리지 반대편 다리

뉴욕, 월 스트리트(Wall street)

차이나타운에서 허기진 배를 채운 후 세계 경제의 중심지 월 스트리트(Wall street)로 발걸음을 옮긴다. 가는 길에 진짜 브루클린 다리(Brooklyn bridge)를 만났다.

나:　　“야, 이게 브루클린 다리잖아.”

친구:　“어, 그러네? 내가 사진에서 본 건 저게 맞는데? 어쨌든 우린 전
체적인 브루클린 다리를 봤잖아.”

나:　　“…….”

맞는 말이다. 서로 너무 가까이 있으면 전체적인 모습을 볼 수 없으니
까. 때로는 어느 정도 거리를 두고 떨어져서 서로를 바라보는 것도 좋다.

드디어 월가(Wall Street)에 도착. 전 세계의 돈이 모여드는 월 스트리트,
그만큼이나 높고 거대한, 웅장한 건물들 아래 서 있으니 마치 세상의 중
심에 선 듯하다.

이 건물들 안에서는 어떤 일들이 벌어지고 있을까? 얼마나 대단한 인
재들이 모여 이 거대한 집단을 굴러가게 하는 것일까 생각하며 더 열심
히 하자는 신선한 자극을 받는다. 낯선 환경에서 맞닥뜨리는 이색적인
문화와 풍경들, 그 속에서 받는 신선한 자극은 이후에 나타날 자신의 엄
청난 발전의 신호탄이 되기도 한다. 이후 월 스트리트에 위치한 트리니
티 교회, 청동 황소 등 유명한 관광명소를 돌아본 후 집으로 돌아간다.

날씨가 점점 추워지는 탓에 스웨터와 바지를 한 장 구입해 집으로 가
는 길. 뉴욕에 나의 잠자리도 있고, 일자리도 있다. 나름 뉴요커다. 서서
히 뉴욕 생활에 익숙해져 간다. 지하철과 버스를 이용하는 것도 이제
어느 정도 익숙해져 가고 있다. 그렇게 뉴욕을 알아가는 중이다.

뉴욕에서 머물던 쉐어하우스

잠시 함께 뉴욕을 여행하던 친구는 며칠 뒤 파리로 떠나고, 나는 또 다른 거처를 찾아야 한다. 방법은 여러 가지.

① 한인 커뮤니티 이용하기

'크싸니'라고 불리는 이 한인 인터넷 커뮤니티는 구인·구직, 부동산, 한인뉴스, 그밖에 다양한 생활 팁들로 구성되어 있는데 이 사이트는 뉴욕생활 필수품 중 하나이다. 뉴욕에서 생활하면서 긴급 상황이 발생했을 때 이곳의 '멘토링' 서비스를 이용하면 적절한 해결방법을 찾을 수 있다. (http://www.heykorean.com)

② 신문 이용하기

뉴욕엔 한국과 마찬가지로 벼룩시장, 중앙일보, 한국일보 등 한인 신문이 많이 있다. 벼룩시장은 길에서 무료로 가져갈 수 있고 그밖의 신문들은 약 75¢를 내고 구입할 수 있다. 신문의 부동산 또는 구인·구직란을 보면 많은 광고가 있는데 그 중 적절하다고 판단되는 곳으로 전화해 문의하면 된다.

③ 발품 팔기

의지가 있다면 가장 해볼 만한 방법 중 하나이다. 거리를 구경하며 이곳저곳 다니다 보면 건물 벽에 'Now Hiring' , 또는 'help wanted'라는 문구가 붙어있는 곳이 있다. 이런 곳은 99% 이상 외국인이 운영하는 곳이기 때문에 더욱 영어를 배우기 좋다.

마이애미에서는 현지인들과 룸 쉐어를 해보았으니 뉴욕에서는 한인들과 생활해 보기로 마음먹었다. 그들이 뉴욕에서 어떤 생활을 하며 살아가는지도 궁금했고 무엇보다 한인들이 그리웠다. 전화 한 통화에 뚝딱. 퀸즈 플러싱(한인타운)에 있는 한 게스트 하우스를 찾아 이사했다. 집주인 형이 친절하게 이것저것 안내를 해 주었다. 저렴한 가격은 아니었지만 두 달 머물기엔 안성맞춤이었다.

이후에도 언급하겠지만, 한인들과 생활하는 것이 편한 것은 사실이었다. 공유하는 정보도 많았고, 음식 취향도 서로 비슷했으니까. 하지만 실망스러운 모습, 닮지 말아야 할 모습 역시 많았다. 이제 야간 편의점에서 얘기했던 2주의 기간도 서서히 가까워지고 새로 일자리를 구하기로 했다. 인터넷을 조금 검색하니 그래도 많은 일자리가 있었는데 그 중 내가 고등학교 때 배달을 하던 BBQ 치킨이 눈에 띄었다. 마이애미에서도 치킨집, 뉴욕에서도 치킨집. 느낌이 좋았다. 전화로 간단히 자기소개를 하니 면접을 보러 오라고 한다.

맨해튼 Midtown에 위치한 BBQ

나는 지금 다른 세상에 와 있다. 아르바이트생들 모두 한국인인데 영어를 미국인처럼 하길래 비법이 뭔지 물어보니 한 명은 미국태생이고 또 다른 한 명은 10살 때부터 미국에 살았다고 한다. 미국에 온 지 이제 3개월째인 나는 당연히 그들을 따라갈 수 없다는 걸 인정하면서 그들로부터 또 한번 자극을 받는다. 위축되지만 않으면 된다.

잠시 후 함께 일하게 될 여학생이 들어오는데 이번엔 외고를 졸업하고 컬럼비아 대학에 입학한 학생이다. IVY 리그 학생. 여긴 다른 세상인 것 같다. 나이는 내가 제일 많은데 영어는 내가 제일 못한다. 20여 명 면접 중 2명 합격, 그 중 한 명은 컬럼비아 대학교 학생, 그리고 다른 한 명은 나다.

어쨌든 영어면접을 보고 아이비리그에 다니는 학생과 어깨를 나란히 하게 되었으니 내 영어실력도 나쁘지 않다고 나 자신을 위로한다. 시급은 시간당 8불, 외국인 손님들을 상대로 주문도 받고 이야기도 나누고, 무엇보다 전화로 음식 주문을 받으며 영어를 늘릴 좋은 기회가 생겼다는 것이 이 일자리의 최고 매력이다.

사실 전화상으로 대화하는 것은 그 사람의 눈과 입, 그리고 몸짓을 보며 이야기하는 것보다 더 어렵기 때문에 영어 실력을 늘리기 위한 아주 좋은 방법이다. 일자리를 구했다고 편의점 사장에게 전화를 하니 정말 기특하다며 앞으로 남은 날을 축복해주었다. 비록 불법 노동을 하고 있다는 것이 마음에 걸리기는 하지만 이렇게 고마운 사람들, 좋은 기회를 주는 일자리, 전혀 접하지 못하던 이국적인 풍경들……. 젊은 날 여행이 주는 선물이기에 마음껏 즐기기로 한다.

비비큐치킨 가는 길

안녕하세요.
전 뉴질랜드, 호주에서 홀로 생활하면서 다음은 미국이다, 하며 이 것저것 찾다가 님의 블로그를 보게 되었어요, 아, 저도 미국 가서 님처럼 열심히 또 홀로 서보렵니다.

안녕하세요.
인턴플랜클럽에서 보고 왔는데 저도 뉴욕에 다녀온지라 반갑고 제가 모르는 것을 상세히 설명해놓고 알려주시니 감회가 새롭고 재미있네요. 다시 간다면 정말 많은 도움과 정보가 되겠어요.

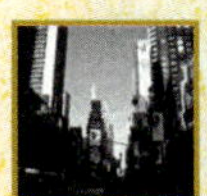

안녕하세요^^
유학 때문에 고민하며 여기저기 둘러보던 중에 블로그를 알게 되었어요. 매우 상세하게 기록해놓으셔서 도움이 많이 되었어요. 전 이번에 들어가야 하는데 벌써 인터뷰가 3번이 리젝이 되어서 걱정. 마이애미는 작년 봄부터 계획했는데…… 힝~ 부럽습니다. 전 그래도 이번에 또 도전해서 받으려구 해요. 정보 너무 잘 보고 가요~^^

멋대로인 삶을 살았다. 지금도 마찬가지지만 집이 부유하지도 않았고 든든한 백이 있는 것도 아니다. 그래서 더 가능했을지도 모르겠다. 가진 게 없으니 젊음이라는 무기 하나만 가지고 여행을 했던 것이.

100만 원. 당시 미국 환율로 877달러. 아는 이도, 누울 자리도, 정보도 없이 무작정 TV로 보니 좋아 보이길래 떠난 약 5개월간의 미국여행. 이 이야기를 나눔으로써 독자분들에게 희망이라는 것을 드릴 수 있으면 좋겠다.

'이런 촌놈도 하는데 나라고 왜 못해?'

라고 생각했으면 좋겠고, '나도 해봐야겠다'라는 열정을 드릴 수 있으면 더할 나위 없이 기쁠 것이다.

여행기는 그렇게 시작합니다.

안녕하세요^^
호주워킹홀리데이 알아보다가 승희님 블로그에 왔는데 미국여행 정보두 있네요.
저는 지금 캐나다에 있는데 비자가 2월 말로 끝나서 미국여행을 할 예정인데 첫 도착지가 마이애미입니다. 아직도 미국여행계획을 못 세우고 있었는데 승희님 미국여행 보곤 입이 떡 벌어졌습니다. 대단하시더군요.
블로그 너무 재미있게 읽었고 많은 정보도 얻었습니다. 정말 감사드립니다^^

안녕하세요.
우연히 인터넷검색을 하다가 들어와서 블로그를 보게 되었는데 정말 대단하시다는 말밖에 말이 안 나오네요. 전 아직도 한국에서 고민만하면서 직장생활을 하는데요^^
참 용기라고 해야 할까요? 그런 부분이 저한테는 굉장히 부러워요

안녕하세요.
열정을 가지는 모습이 아름답네요. 곧 마이애미로 떠나게 되는 사회 초년생 여성입니다..
이리저리 여행도 많이 다녀봤고 전 캐나다에서는 1년 정도 지냈어요. 너무 생소한 플로리다로 떠나게 되니 이것저것 걱정할 게 너무 많더라고요. 유학도 아니고, 취업해서 가는데 이리저리 찾아봐도 플로리다 쪽은 정보가 참 약하네요. 한인회도 구성된 것 같지 않고, 하하.
그러다 이렇게 사막의 오아시스 같은 님의 글 읽어보고 사진도 찬찬히 보면서 배우고 있습니다. 걱정 반, 설렘 반입니다.

Special Thanks To.

크라우드 펀딩을 통해 책을 출판하는 데 도움을 주신 모든 분께 감사의 인사를 전합니다.

김상은님, 이상언님, 임민혁님, 임봉순님, 강유정님, 박종혁님, 김선화님, 신태진님, 차민주님, 이재호님, 채상곤님, 조홍래님, 구찬서님, 전현미님, 김경훈님, 안지혜님, 김준영님, 박진환님, 최재룡님, 윤미임님, 최정민님, 홍소라님, 김서윤님, 최희승님, 남기주님, 양은경님, 류덕현님, 김재원님, 문숙희님, 박소영님, 조철희님, 홍승아님, 박영수님, 조은별님, 안태호님, 강정현님, 권상진님, 윤효식님, 이세리님, 한아름님, 그리고 박인실님!

여러분의 도움으로 무사히 책을 출판할 수 있게 되었습니다. 이 책은 항상 여러분과 함께할 것입니다. 다시 한 번 깊은 감사의 말씀을 드립니다!

사랑합니다!

2013년 4월 15일 늦은 밤

조승희 드림